4184³⁹⁰

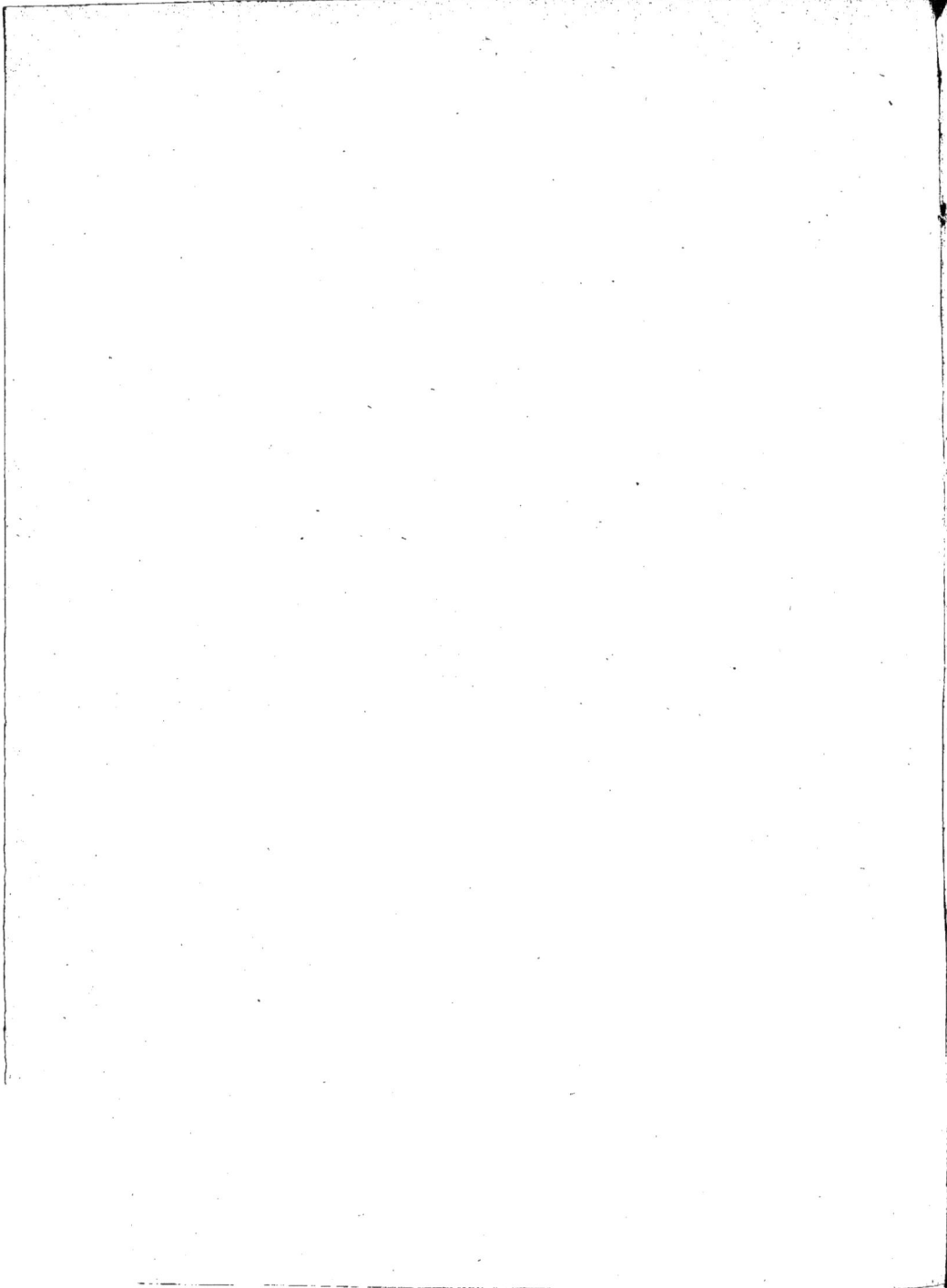

Cat. denjou 679 l.

THEORIE

DE L'ÉLEVATION

DES VAPEURS

ET DES

EXHALAISONS,

DEMONTRE'E MATHEMATIQUEMENT.

Qui a remporté le Prix, au Jugement de l'Academie
Royale des Belles Lettres, Sciences & Arts.

Par Monsieur GOTTLIEB KRATZENSTEIN, *Candidat en
Medecine, à Halle dans la Haute Saxe.*

A BORDEAUX,

Chez PIERRE BRUN, Imprimeur-Aggregé de l'Academie Royale,
rue Saint Jâmes.

M. DCC. XLIII.

AVEC PRIVILEGE DU ROY.

THEORIE

DE L'ÉLEVATION

DES VAPEURS

ET DES

EXHALAISONS,

DEMONTRE'E MATHEMATIQUEMENT.

§. I.

LA VAPEUR est un fluide rare formé par la dissolution d'un corps, & qui se dissipe en l'air, ou en quelqu'autre espace encore plus délié.

VAPOR est fluidum rarum, quod ex dissolutione corporis cujusdam originem trahit, & per aërem, vel aliud medium subtilius dissipatur.

DEFINITIO I.

§. II.

SCHOLION. *Definimus hìc Vapores in genere; in sequentibus per Vapores speciatim particulas fluidorum aqueorum denotabimus.*

Ceci n'est qu'une définition générale des Vapeurs ; mais dans la suite nous entendrons par le nom de Vapeurs, les petites parties des fluides aqueux.

§. III.

DEFINITIO 2. *Evaporatio est transmutatio vel dissolutio particularum corporis in vapores.*

L'évaporation se fait quand les particules du corps se changent, ou se résolvent en vapeurs.

§. IV.

OBSERVATIO I. *Vasculum cum aqua fervida ad fenestram reposui, ut major luminis claritas adesset, ubi observavi, particulas aqueas ascendentes duplicis esse generis. Primum genus, coloris albi, in permultas quasi areolas divisum, per aliquot minuta secunda in superficie aquæ hærebat, donec successivè mox hæc, mox illa areolâ vaporum à reliquorum nexu & consortio aquæ separabatur, & in aëre motu uniformiter accelerato ascendebat. 2. Cele-*

J'ai mis un vase, où il y avoit de l'eau bouillante, à une fenêtre, pour l'exposer à une plus grande lumiere. Là j'ai observé qu'il s'élevoit de deux sortes de particules aqueuses. Les premieres de couleur blanche se partageant en différens compartimens, demeuroient pendant quelques secondes à la surface de l'eau ; ensuite je voyois successivement, tantôt un compartiment, tantôt un autre, se séparer de la surface de l'eau, & s'élever en l'air avec un mouvement uniforme acceleré. 2. Tandis que l'eau bouilloit, les Va-peurs parcouroient 2. pieds & demi dans le tems de trois fe-condes. 3. Parmi ces Vapeurs, j'en ai vû d'une autre forte ; c'étoient de très - petits glo-bules tranfparens, non creux, qui s'élevoient très - vite tout au plus à la hauteur d'un pied ; mais leur mouvement étoit uniformement retardé, & ils décrivoient en defcendant une ligne parabolique.

ritatem horum Vaporum ob-fervans, inveni eos tempore 3. minutorum fecundorum ad altitudinem 2½ pedum afcen-dere, cùm aqua ebullirct. 3. In-ter hos alterum genus particu-larum aquearum globuli ni-mirùm minutiffimi pellucidi, non cavi, ad aliquot digi-torum vel ad fummum, ad pedis altitudinem cclerrimè, fed motu uniformier retardato affiliebant ; & pofteà rursùs defcendentes, lineam parabo-licam defcribebant.

§. V.

Puifque les principes de la Mechanique aprennent que les corps qui décrivent une ligne parabolique en montant & en defcendant, font pouffez par quelque force violente, il s'en-fuit que cette feconde efpéce de particulesd'eau font pouffées hors de l'eau, & montent par une impulfion violente.

Quia corpus lineam para-bolicam afcenfu & defcenfu defcribens, fe à vi quadam propulfum effe indicat (per principia mechanica) : patet, quòd hoc alterum genus par-ticularum aquearum afcen-dentium per vim quamdam ex aqua expulfum fit.

COROLLARIUM I.

§. VI.

Puifqne cette derniere efpé-ce de particules retombe d'a-

Cùm verò hoc ultimum ge-nus particularum aquearum

COROLLARIUM 2.

A ij

mox iterùm decidat, nec per aërem diſſipetur, nomen Vaporum non merentur. (S. 1.)

bord ſans ſe diſſiper, on ne peut pas dire que ce ſoient des Vapeurs. (S. 1.)

§. VII.

SCHOLION. *Quia particulæ aqueæ minores, ob æqualem inter ſe cohæſionem, figuram ſphæricam in aëre ſervant, Vapores etiam figurâ ſphæricâ eſſe neceſſe eſt.*

Les petites particules d'eau gardant au milieu de l'air une figure ſphérique à cauſe de l'égale cohéſion de leurs parties, les Vapeurs doivent auſſi avoir une figure ſphérique.

§. VIII.

LEMMA I. *Si Sol in copiam guttularum aquearum irradiat, oculo ſpectatoris, Solem à tergo, guttulas verò à fronte habentis, & ſub angulo 42. vel 54. graduum cum radio incidente conſtituti, Iridis arcus repræſentari debet.*

Si les rayons du Soleil tombent ſur un grand nombre de goutes d'eau, l'œil du ſpectateur étant ſitué, de maniere qu'il ait le Soleil par derriere, & les goutes pardevant, verra un arc-en-ciel, pourvû que le rayon qui paſſe par le Soleil & par l'œil faſſe avec les goutes un angle de 42. ou de 54. degrez.

§. IX.

SCHOLION. *Hoc à Phyſicis uberiùs demonſtratur, & hic nullius probationis eget.*

Les Phyſiciens démontrent cela plus au long, & ce n'eſt pas ici le lieu de le proùver.

§. X.

EXPERIMENTUM I. *Vaſculum cum aqua ebulliente, radiis ſolaribus per*

Ayant pris un vaſe avec de l'eau bouillante dedans, je l'ai

exposé dans une chambre obscure aux rayons du Soleil qui y entroient par une large ouverture. Je me suis placé de maniere que mon œil faisoit un angle de 42. degrez avec les rayons incidens: cependant je n'ai pû voir dans les Vapeurs les couleurs de l'arc-en-ciel. 2. Pour m'éclaircir davantage, j'ai placé un jet d'eau artificiel, de maniere qu'il en tomboit une pluïe très-fine au milieu des Vapeurs; m'étant placé comme il falloit, j'ai vû deux segmens d'arc-en-ciel au milieu des Vapeurs, c'est-à-dire, un segment du principal arc-en-ciel, & un segment de celui dont les couleurs sont moins vives & renversées : mais du moment que j'ai ôté le jet d'eau, les deux segmens ont disparu.

amplum foramen in cameram obscuram immissis, ita exposui, ut Vapores ascendentes per radium Solis transirent. Oculo tum sub angulo 42. graduum cum radiis incidentibus constituto, nullos Iridis colores in his Vaporibus observare potui.

2. Ut eò certiùs de hac re fierem, fonticulum salientem ita disposui, ut pluvia quasi pulverulenta per illum facta, per Vapores decideret; sic statim dicto sub angulo bina segmenta Iridis, primarii scilicet & secundarii, mediis in vaporibus apparuerunt, quæ verò fonticulo remoto statim iterùm disparuerunt.

§. XI.

Si les couleurs de l'Iris ne paroissent pas dans les Vapeurs, on ne peut pas dire que leur finesse en est la cause; les rayons de la lumiere sont encore plus subtils : nous developerons ci-

Subtilitas Vaporum non accusari potest, quare colores exhibere nequeant; radii enim lucis multò adhuc subtiliores sunt. Et prætereà alia ratio apparentiæ colorum in Vapo-

SCHOLION.

ribus *moxexplicabitur , ad naturam eorum accuratiùs determinandam.*

après pourquoi ces couleurs ne paroissent pas, & cela servira à en faire connoître la nature.

§ XII.

COROLLARIUM. *Quia colores Iridis per refractionem & reflexionem certam radiorum Solis in guttis aqueis oriuntur ; necesse est , hanc in Vaporibus aliâ ratione fieri debere , quàm in in guttulis aqueis (S. 10.) non cavis. Cujus diversitatis nulla alia causa esse potest , nisi diversa figura interna ; externa enim eadem est (S. 7.) Vapores ergo sunt vesiculæ cavæ.*

Les couleurs de l'Iris viennent de ce que les rayons du Soleil se réfléchissent & se rompent d'une certaine façon dans les goutes d'eau : il faut donc que les mêmes rayons se refléchissent & se rompent d'une autre maniere dans les Vapeurs, qu'ils ne font dans les goutes d'eau (S. 10.) non creuses. Or il ne peut y avoir d'autre cause de cette difference, que leur figure intérieure , puisque l'extérieure est la même (S. 7.) Les Vapeurs font donc des vésicules creuses.

§ XIII.

SCHOLION. *Falluntur itaque ii , qui existimant, Vapores esse guttulas non cavas.*

Donc c'est une erreur de croire que les Vapeurs font des goutes non creuses.

§ XIV.

EXPERIMENTUM 2. *Recepi sphæram vitream , diametri 5. digitorum , cujus orificium epistomio erat munitum , & ope flatûs aërem*

J'ai pris un globe de verre qui avoit 5. pouces de diametre , à son orifice étoit adapté un robinet. En soufflant dans le globe,

j'ai comprimé l'air qui y étoit ;
puis ayant fermé le robinet, j'ai
exposé le globe aux rayons du
Soleil dans la chambre obscure ;
mais je n'ai pû apercevoir aucune des Vapeurs que j'avois fait
entrer en souflant. Ayant ouvert
le robinet pour faire sortir l'air
comprimé, j'ai vû d'abord une
grande quantité de Vapeurs qui
tomboient ; mais elles ont encore disparu lorsque j'ai comprimé de nouveau l'air qui étoit
dans le globe. 2. Regardant ces
Vapeurs de maniere que mon
œil fit, avec le rayon du Soleil,
un angle entre 5. & 10. degrez,
j'ai aperçû avec grand plaisir
une suite de très-belles couleurs
qui se changeoient peu à peu en
d'autres, à mesure que l'air comprimé sortoit de la boule. Voici
la suite dés couleurs, telle que
que je l'ai remarquée, rouge,
verd bleuâtre, rouge verd.
3. Ayant mis l'œil entre le Soleil & les Vapeurs, & les ayant
regardées sous les mêmes angles
que je viens de dire, j'ai aperçû
les mêmes couleurs que donnoit

*in sphæra compreſſi. Clauſo
epiſtomio, eam expoſui radio ſolari in cameram obſcu-
ram immiſſo ; ſed nihil de
Vaporibus per flatum ingeſ-
tis obſervare potui. Simul ac
verò epiſtomium aperui, ut
aër compreſſus iterùm egredi
poſſet, ſtatim magna copia
Vaporum cadentium in conſ-
pectum prodiit, qui verò
mox iterùm evanuerunt, cùm
aërem de novo in sphæra
com-primerem.*

*2. Vapores hoſce ſub an-
gulo 5. ad 10. graduum à
Sole inſpiciens magna cum
jucunditate ſeriem elegantiſ-
ſimorum colorum conſpexi,
qui colores ſenſim in alios
mutabantur, quò magis aër
compreſſus egrediebatur. Or-
dinem colorum qui proximè
ad Solem erant, talem obſer-
vavi, rubeus, viridis, ſubcæ-
ruleus, ruber, viridis.*

*3. Cùm oculum inter Solem
& Vapores conſtituerem, eoſ-
que ſub eodem angulo ſuprà
dicto inſpicerem, colores ex re-*

flexione, sed ordine contra-rio videbantur.

la réflexion, mais elles étoient dans un ordre renversé.

§. XV.

COROLLARIUM.

Hoc experimentum nos docet, quòd Vapores, qui in aëre compresso hærent & invisibiles sunt; in aëre, si in statum priorem redit, ex parte descendant, & in conspectum veniant : Et quòd hi iterùm visum fugiant, si aër de novo comprimitur. Ratio verò hujus phenomeni infrà explicabitur.

Cette Expérience nous montre que les Vapeurs soûtenues dans un air comprimé font invisibles; que si l'air est remis dans son premier état, elles descendent en parties, & deviennent visibles; qu'elles redeviennent invisibles, si l'on comprime l'air une seconde fois. Nous expliquerons dans la suite la cause de ce phénomene.

§. XVI.

EXPERIMENTUM 3.

Sphæram hancce ab aëre humido per calorem depuratam ope antliæ evacuavi, epistomioque clauso eam radio solari iterùm exposui, deindè successivè rursùs immisi; sic magna copia Vaporum in conspectum prodibat, qui simul cum aëre in vacuum irruebant. Hi Vapores tamdiù inter aëris ingressum videri poterant, donec aër intra sphæram æquè

Ayant fait sortir par le moyen du feu tout l'air humide qui étoit dans le globe, j'en ai pompé l'air, puis ayant fermé le robinet, je l'ai exposé au rayon du Soleil, ensuite ayant fait entrer successivement de l'air dans le globe, j'y voyois quantité de Vapeurs qui y entroient avec l'air; & on les voyoit jusqu'au moment que l'air intérieur du globe étoit devenu aussi épais que l'air extérieur; & alors elles devenoient

devenoient invifibles. 2. Ayant
expofé au rayon du Soleil dans
la chambre obfcure ce globe
rempli de Vapeurs invifibles,
j'en ai pompé l'air avec une
pompe à la main. A mefure que
je pompois l'air, je voyois les
Vapeurs qui defcendoient, &
leur grandeur augmentoit fenfi-
blement à mefure que je tirois
l'air du globe. 3. Ces Vapeurs
regardées fous un angle entre 5.
& 10. degrez, m'ont offert la
même fuite de couleurs que dans
l'Expérience précédente, & pendant que je dilatois l'air de la
boule, les couleurs fe changeoient très promptement en
d'autres couleurs. Voici quelle
étoit la fuite des couleurs qui fe
fuccédoient; le rouge, le jaune,
le verd, le bleu, le violet, le
rouge, le jaune, le blanc. Ayant
introduit de l'air, les couleurs
ont difparu. 4. La premiere fois
que je pompai l'air de la boule,
je remarquai quelques Vapeurs
qui fe diftinguoient clairement
des autres, & qui dans chaque
fuite de couleurs repréfentoient

denfus erat factus ac aër ex-
ternus ; quo facto omnem
vifum fugiebant.

2. Sphæram hac ratione
Vaporibus licèt invifibilibus
repletam, radiifque folaribus
in cubiculo obfcurato expofi-
tam, ope antliæ minoris ma-
nuariæ iterùm evacuavi; fic
inter evacuandum maxima
copia Vaporum defcenden-
tium confpici poterat, quorum magnitudo inter eva-
cuandum fenfibiliter auge-
batur.

3. Vapores fub angulo 5.
ad 10. graduum infpecti,
fimiliter ac in præcedenti experimento feriem colorum exhibebant, qui inter eva-
cuandum citiffimè in alios
mutabantur. Ordo colorum
fucceffivorum ad Solem pro-
ximorum talis erat: Rubeus,
flavus, viridis, cæruleus,
violaceus, rubeus, flavus,
albus. Aëre verò immiffo,
Vapores iterùm difparue-
runt.

4. Cùm hæc evacuatio
B.

prima rectè fierèt, observabam nonnullos Vapores, qui ab aliis optimè distingui poterant, in seriebus colorum singulares colores exhibere; e. g. In serie flava vel viridi aliqui perpauci rubri videbantur.

5. Hos Vapores per sphæram, ope microscopii, optimè contemplare poteram, eorumque diametrum cum crassitie crinis comparans reperi esse 12. vicibus minorem, cùm colorem primum refringeret: crinis verò diameter erat $\frac{1}{300}$ digiti. Diameter ergo Vaporis fuit $\frac{1}{3600}$ digiti vel $\frac{\overset{\text{VIII}}{277}}{1.000.000}$

des couleurs différentes ; par exemple, il paroissoit des couleurs rouges, mais en petit nombre dans la suite des couleurs jaunes & des couleurs vertes. 5. Je pouvois fort bien regarder ces Vapeurs renfermées dans le globe avec un Microscope, & comparant leur diamétre avec la grosseur d'un cheveu, j'ai trouvé que la Vapeur, dans le tems qu'elle commençoit à représenter la couleur par réfraction, étoit 12. fois plus petite qu'un cheveu : le diamétre du cheveu étoit $\frac{1}{300}$ de pouce. Le diamétre de la Vapeur étoit donc $\frac{1}{3600}$ de pouce, ou $\frac{\overset{\text{VIII}}{277}}{1.000.000}$

§. XVII.

COROLLARIUM I. *Hoc experimentum similiter ac præcedens indicat, Vapores in aëre naturali hærentes & invisibiles in aëre dum rarefit, descendere & visibiles fieri; evanescere autem si aër iterùm condensatur.*

Cette Expérience aussi-bien que la précedente, fait voir que les Vapeurs qui se soutiennent dans l'air naturel, & qui y sont invisibles, y descendent & deviennent visibles quand il se dilate, & qu'elles disparoissent, si l'air devient plus condensé.

§. XVIII.

Il paroît par l'ordre que gardent les couleurs dans leur changement successif (§. 16. n. 3.) que les Vapeurs réflechissent les rayons de la même maniére que les bulles faites avec de l'eau de savon ; celles-ci changent de couleur, selon qu'elles s'étendent davantage, & que leur pellicule devient plus mince. La suite de ces couleurs est raportée dans l'Optique de Newton, l. 2. p. 2. n. 8. & on expliquera cela dans la suite de cette Dissertation. Voici donc encore une nouvelle preuve qui démontre très certainement, que les Vapeurs sont des vésicules creuses.

COROLLARIUM 2.

Ex ordine quo sibi colores invicem succedunt (§. 16. n. 3.) apparet, Vapores eodem modo reflectere colores ac bullas ex aqua saponacea conflatas, quæ semper alium colorem exhibent, quò magis in expansione cuticula earum tenuior fit. Quorum colorum ordo recensetur in Newtoni Optica, lib. 2. part. 2. n. 8. & infrà etiam explicabitur. Novum itaque & certissimum hoc argumentum est, quòd Vapores sint vesiculæ cavæ.

§. XIX.

On m'a fait cette objection. Il se peut faire que les Vapeurs réflechissent quelque couleur par leur volume tout entier ; ce volume venant à diminuer par la dilatation de l'air, il se formera une autre couleur. Mais on peut aisément résoudre cette difficulté : car il y a

SCHOLION 1.

Objiciebatur mihi, Vapores fortasse sub integro volumine colorem aliquem reflectere posse, quo volumine per rarefactionem aëris imminuto alius color emergeret. Sed hæc objectio facilè solvitur : Vapores enim aliqui in seriebus colorum singula-

rem aliquem colorem exhibent , & fic diverſæ ſunt magnitudinis. (§. 16. n. 4.) Ergo non ſub toto volumine colorem aliquem reflectunt.

des Vapeurs qui dans la ſuite ſucceſſive des couleurs , offrent à l'œil une couleur ſinguliere & différente. Les Vapeurs ſont donc de differentes grandeurs (§. 16. n. 4) Elles ne réflechiſſent donc pas la couleur par leur volume tout entier.

§. XX.

SCHOLION 2.

Mutatio colorum , nec per confluxum plurium Vaporum efficitur ; fit enim celerrimè. 2. Colores etiam ordine retrogrado iterùm emergunt , ſi aër in evacuatam ſphæram rursùs immittitur : Fit ergo ob majorem vel minorem expanſionem. Vapores itaque in aëre compreſſo comprimuntur , & in rarefacto expanduntur.

On ne peut pas dire non plus que le changement ſucceſſif des couleurs ſe fait à cauſe de la réünion de pluſieurs Vapeurs ; car ce changement ſe fait très-promptement. 2. De plus les couleurs reparoiſſoient dans un ordre rétrograde , ſi l'on fait rentrer l'air dans le globe qu'on avoit vuidé. Ce chángement ne ſe fait donc que par une plus plus grande ou une moindre expanſion. Les Vapeurs ſont donc comprimées dans un air comprimé , & elles ſont dilatées dans un air raréfié.

§. XXI.

EXPERIMENTUM 4.

Æolipylam aquâ repletam & prunis impoſitam , radio ſolari in camera obſcura ita oppoſui , ut Vapores evolantes per totum radium

Ayant rempli d'eau une Eolipyle , & l'ayant mis ſur des charbons allumez , je l'ai expoſé dans une chambre obſcure aux rayons du Soleil , de maniere que les Vapeurs qui fortoient de l'Eolipyle paffoient au travers du rayon lumineux. Les Vapeurs regardées fous un angle entre 5. & 10 degrez, repréfentoient une longue fuite de couleurs, lorfque l'Eolipyle ne jettoit pas les Vapeurs trop fort; mais lorf-que j'avivois le feu pour faire bouillir l'eau plus fortement, toutes les couleurs devinrent du bleu de la premiere fuite, en forte que tout le raïon lumineux paroiffoit bleu.

lucidum tranfirent. Hi Va-pores fub angulo 5. ad 10. graduum infpecti, longam feriem colorum exhibebant, fi Æolipyla non nimis validè fpirabat : Cùm verò ignem magis excitarem, ut aqua vehementiùs ebulliret, omnes colores in cæruleum primæ feriei tranfierunt, ita ut totus radius lucidus cæruleus ap-pareret.

§. XXII.

Pour donner par réflexion le bleu de la premiere fuite, il faut que la pellicule des Vapeurs foit fort mince. Or elle devient telle par une grande expanfion (§.20) Donc les Vapeurs aquiérent une plus grande expanfion en rece-vant un plus grand degré de chaleur.

Ad colorem cæruleum pri-mæ feriei reflectendum te-nuior cuticula requiritur; hæc verò per majorem expanfio-nem efficitur (§. 20.) Ergo Vapores per majorem caloris gradum magis expanduntur. COROLLARIUM.

§. XXIII.

J'ai fait entrer un peu d'eau dans le globe de verre, j'ai pom-pé l'air du globe, puis j'ai mis le globe fur une chandelle allu-

In fphæram vitream fu-prà defcriptam tantillùm a-quæ infudi, aëremque ex illa eduxi. Hoc facto, fuprà EXPERIMENTUM 5.

flammam candelæ tam diù detinui, donec aqua aliquantùm ebulliret. Nullos verò Vapores afcendentes obfervare potui, licèt eam radio folari exponerem in cameram obfcuratam immiffo, fed Vapores in fuperficie aquæ hærebant, vehiculo aëreo nimirùm deftituti. Equidem deftillatio quædam ad latera vitri obfervabatur; fed hæc à guttulis aqueis majoribus celerrimè in vacuo affilientibus efficiebatur: Aëre verò rùrsùs immiffo, tota fphæra in momento quafi à Vaporibus copiosè afcendentibus plena erat.

mée, & je l'y ai tenu jufqu'à ce que l'eau bouillît un peu. Je n'ai pû apercevoir de Vapeurs qui montaffent dans le globe, quoique je l'expofaffe au rayon du foleil dans la chambre obfcure; mais les Vapeurs demeuroient adhérentes à la furface de l'eau, il leur manquoit l'air pour véhicule : Il eft vrai que j'aperçus aux parois du verre, de l'eau qui dégoutoit, mais elle venoit des petites goutes d'eau fenfibles qui fautilloient très-vivement dans le vuide du globe. Ayant fait entrer de l'air dans le globe, tout à coup il a paru rempli des Vapeurs qui y montoient en abondance.

§. XXIV.

SCHOLION. Magnâ cautione in hoc experimento opus eft. 1. Ne vacuum in fphæra jam Vaporibus cadentibus adhuc repletum fit. 2. Ne fphæra tota nimis calefiat, vel prunis applicetur. Aliàs enim Vapores cum particulis igneis copiosè intrantibus & celeIl faut faire l'Experience précédente avec une grande précaution, pour empêcher 1. Que l'intérieur du globe qu'on croit vuide, ne foit peut-être rempli de Vapeurs. 2. Il faut auffi prendre garde de ne pas échauffer trop violemment le globe, & de ne pas le mettre fur des charbons ardens ; car dans ce cas, les Vapeurs s'éleveroient avec les particules de feu, qui entrent en abondance dans le globe, & qui montent promptement ; il est vrai que les Vapeurs descendroient, dès qu'on auroit ôté le globe de dessus le feu.

riter ascendentibus simul tanquam cum fluvio sursùm moventur, qui tamen sphærâ ab igne remotâ mox iterùm descendunt.

§. XXV.

Donc l'air (hors le cas d'une très-grande chaleur) est nécessaire à l'élévation des Vapeurs, & leur sert de véhicule.

Aër itaque, nisi maximus calor adest, ad ascensum Vaporum necessariò tanquam vehiculum requiritur.

CoroLLARIUM.

§. XXVI.

La force du corps qui monte dans un fluide spécifiquement plus pesant, est égale à la différence qui se trouve entre la gravité spécifique du corps & celle du fluide.

Vis corporis ascendentis in fluido specificè graviori, æqualis est differentiæ gravitatis specificæ corporis & fluidi.

LEMMA 2.

§. XXVII.

Donc un corps montera dans un fluide avec d'autant plus de force, que cette différence sera grande.

Corpus itaque tantò majori vi in fluido ascendit, quò major est hæc differentia.

SCHOLIUM.

§. XXVIII.

Un corps spécifiquement plus léger monte dans un fluide spé-

Corpus specificè levius in fluido specificè graviori mo-

LEMMA 3.

*tu uniformiter accelerato af-
cendit , & quidem in ra-
tione numerorum 1. 3. 5. 7.
9. 11. 13. &c.*

cifiquement plus pefant , ayant
un mouvement uniformement
accéleré , & cela en raifon des
nombres impairs 1. 3. 5. 7. 9.
11. 13. &c.

§. XXIX.

COROLLARIUM.

*Corpus itaque in fluido
graviori afcendens ob celeritatem acquifitam aliquan-
tùm fupra fluidum profilict.*

Donc un corps qui monte
dans un fluide plus pefant que
lui, montera au-deffus du fluide
à caufe de la viteffe qu'il a aqui-
fe, quand il fe trouve à la furface.

§. XXX.

LEMMA 4.

*Corpus fpecificè gravius,
in fluido leviori fursùm propulfum motu uniformiter retardato afcendit , & qui-
dem in ratione numerorum
priorum (§. 28.) inverfa.*

Un corps pouffé dans un fluide fpécifiquement plus léger
que lui, monte avec un mouvement uniformement retardé, en
raifon inverfe des nombres impairs. (§. 28.)

§. XXXI.

LEMMA 5.

*Bullæ aqueæ generantur,
fi fluidum quoddam elafticum ex aqua afcendit , &
in ejus fuperficie ob aquæ tenacitatem , cuticulam aqueam fecum attollit.*

Il fe formera des bulles d'eau,
fi quelque fluide élaftique monte au dedans de l'eau , & s'il emporte avec foi une pellicule
d'eau qui fe formera à caufe de
la ténacité que les particules
d'eau ont enfemble.

§. XXXII.

EXPERIMENTUM 6.

*Recepi vitrum cylindri-
cum , illudque aquâ per coc-*

Ayant purgé d'air de l'eau, le
plus exactement qu'il m'a été
poffible

possible, & en la faifant bouillir au feu, & en la mettant dans la machine Pneumatique, j'ai rempli entiérement de cette eau un vafe de verre cylindrique ; enfuite ayant bouché l'orifice fupérieur, & renverfé le vafe fans qu'il en fortît aucune particule d'eau, je l'ai mis dans un autre vafe qui étoit fur le feu, & dans lequel il y avoit auffi de l'eau purgée d'air : Tandis que l'eau bouilloit, j'ai remarqué qu'il montoit au travers de l'eau des bulles, les unes plus grandes & les autres plus petites ; mais du moment qu'elles étoient arrivées au haut du vafe, elles difparoiffoient fans laiffer aucun efpace vuide fur l'eau.

tionem & antliam Pneumaticam ab aëre diligentiffimè depuratam, ad fummitatem ufquè replevi ; & pofteà contectum & cautè inverfum, ne quid aquæ exiret, in aliud vafculum igni impofitum, & aquâ fimiliter depuratâ aliquantùm repletum repofui : fic inter ebulliendum permultas bullas majores & minores per aquam afcendentes obfervavi ; quæ verò fimul ac ad fummitatem perveniebant, rursùs evanefcebant, & nihil fpatii fupra aquam relinquebant.

§. XXXIII.

Le fluide élaftique qui forme ces bulles, ne peut defcendre au travers de l'eau. (§. 28.) il faut donc qu'il paffe au travers des pores du verre ; & c'eft ainfi qu'il fort du vafe.

Quia fluidum illud elafticum has bullas expandens, (§.27.)non per aquam iterùm defcendere poteft (§. 28.) neceße eft, quòd per poros vitri penetrare & ita excedere queat.

COROLLARIUM 1.

§. XXXIV.

La raréfaction de l'air ne diminue pas fes particules ; au con-

Quia particulæ aëris, dum aër rarefit, non minores, fed

COROLLARIUM 2.

C

potiùs majores fiunt, ut celeber Muſchenbroeckius ſingu-
lari quodam experimento de-
monſtravit : Aër rarefaɕtus
multò minùs quàm conden-
ſatus poros vitri penetrare
valebit. Nemo itaque obji-
ciet, fluidum diɕtum elaſticum fuiſſe aërem ſubtilem,
tenuem vel rarefaɕtum. Datur
ergo aliud fluidum elaſticum
aëre ſubtilius.

traire elle les augmente, comme
l'a démontré Mr. Muſchem-
broeck dans une Expérience ſinguliére qu'il a fait là deſſus.
L'air dilaté pourra donc moins
paſſer par les pores du verre, que
s'il étoit condenſé : ainſi on ne
peut dire que le fluide élaſtique
qui a formé les bulles, ſoit de
l'air ſubtiliſé, attenué ou raréfié.
Il y a donc un fluide élaſtique
différent de l'air, & plus ſubtil
que l'air.

§. XXXV.

CoROLLARIUM 3. Quia particulæ ignis pro
vehiculo fluidum ſpecificè
gravius expoſcunt, hæ bullæ
non ex congerie ſola particularum ignearum conſtare poſ-
ſunt, ſed potiùs à fluido particulas igneas ſecum vehente,
& igne ſpecificè graviori
efformatæ ſunt.

Puiſque les particules de feu
ont beſoin d'un véhicule qui ſoit
ſpécifiquement plus peſant, ces
bulles ne peuvent être compoſées de ſeules particules de feu
réünies enſemble, mais plûtôt
elles ſont formées d'un fluide qui
emporte avec ſoi les particules
de feu, & qui eſt ſpécifiquement plus peſant que le feu.

§. XXXVI.

THEOREMA I. Particulæ aqueæ per calorem adtenuatæ & rarefaɕtæ,
gravitate ſuâ non privantur,

Les particules d'eau atténuées
& rarefiées par le feu, ne per-
dent rien de leur peſanteur, elles

n'acquiérent pas une légéreté
absolue, & ce n'est pas en l'ac-
quérant qu'elles montent.

Démonstration. 1. Les Vapeurs
qui sont soûtenues dans un air
comprimé, descendent dès que
l'air est remis à son état naturel
(S. 15.) 2. Les Vapeurs qui se
soûtiennent dans un air qui est
dans son état ordinaire, y descendent si cet air est raréfié.
(S. 17.) Donc les Vapeurs n'ont

*nec absolutè leves fiunt, &
hâc ratione ascendunt.*

Demonstratio. 1. *Vapo-
res in aëre compresso hærentes
descendunt in aëre naturali,
(S. 15.) 2. Vapores in aëre
naturali hærentes descendunt
in aëre rarefacto. (S. 17.)
Ergo absolutè leves esse, aut
gravitate carere nequeunt.*
Q. E. D.

pas une légéreté absolue. Elles ne peuvent donc perdre leur
pesanteur absolue. c. q. f. d.

S. XXXVII.

On a donc eu raison depuis
long tems de rejetter cette maniére, dont Aristote expliquoit
l'élévation des Vapeurs.

Jam diù itaque explosa Scholium.
*est hæc Theoria ascensûs Va-
porum ab Aristotele tradita.*

S. XXXVIII.

La division des fluides en des
parcelles très fines, avec l'impulsion des particules de feu &
la pression de l'air, ne peut être
une cause suffisante de l'élévation des Vapeurs dans la région
supérieure de l'air.

Resolutio fluidorum in Theorema 2.
*partes minutas, & impul-
sus particularum ignearum,
atque pressio aëris, ratio suf-
ficiens elevationis Vaporum
in superiorem aëris regionem
esse nequit.*

Démonstration. Un corps qui
monte en vertu d'une impulsion

Demonstratio. *Corpus ex
impulsu accepto ascendens,*

C ij

motu uniformiter retardato ascendit, & tandem iterùm decidit (§. 30.) Vapores verò ascendunt motu uniformiter accelerato, nec iterùm decidunt (§. 4.) Ergo Vapores non ex impulsu particularum ignearum ascendunt.

2. Vapores aliquandiù in superficie aquæ hærent, antè quàm separentur & ascendant (§. 4.) Ergo non ex impulsu ignis elevantur.

3. Particulæ illæ aqueæ, quæ ex impulsu & per transitum celerrimum particularum in aërem assiliunt (in Observatione prima n. 3.) guttulæ sunt non cavæ; Vapores verò constant ex vesiculis cavis (§. 12. 18.) Ergo Vapores non per impulsum particularum ignearum & per earum transitum celerrimum in aërem ascendunt. Q. E. D.

reçûe, a dans son élévation un mouvement uniformement retardé ; & enfin il descend dès que ce mouvement a cessé. (§. 30.) Or les Vapeurs ont en montant, un mouvement uniformement accéléré,& elles ne retombent pas du moment que leur élévation a cessé. (§. 4.) Donc les Vapeurs ne montent pas en vertu de l'impulsion des particules de feu. 2. Les Vapeurs sont adhérentes pendant quelque tems à la surface de l'eau, avant qu'elles s'en séparent tout à fait, & qu'elles montent. (§. 4.) Donc elles ne sont pas élévées par l'impulsion du feu. 3. Les parcelles d'eau que l'impulsion du feu détache de l'eau bouillante, & qui s'élévent très promptement en l'air, (Observ. 1. n. 3.) sont des goutes non creuses ; mais les Vapeurs sont des véficules creuses : (§. 12. 18) Donc les Vapeurs ne montent pas par l'impulsion des particules de feu. c. q. f. d.

§. XXXIX.

Manca itaque & inadæquata est hæc Theoria,   On doit donc regarder comme imparfaite & insuffisante, cette façon d'expliquer l'élévation des Vapeurs, telle que l'ont donnée Defcartes, Mr. Duhamel, Gaffendi & quelques autres. La comparaifon qu'ils aportent de l'élévation de la pouffiére qu'on excite en marchant, & que l'air agité foûtient quelque tems, eft fort imparfaite; car les Vapeurs fe foûtiennent dans un air tranquile.

quam Cartefius, Hamel, Gaßendus & alii de elevatione Vaporum dederunt; & fimile illorum allatum ex elevatione pulveris terrei inter eundum, qui aliquandiù ab aëre commoto fuftentatur, valdè claudicat: Vapores enim in aëre tranquillo etiam hærent.

§. XL.

Les Vapeurs que la chaleur de l'eau bouillante ou celle du Soleil formeroient, en raréfiant l'air contenu dans l'eau, ne fçauroient faire des véficules affez grandes, pour être fpécifiquement plus légéres que l'air, & pour y monter felon les loix de l'Hydroftatique.

Vapores ex rarefactione aëris in aqua contenti, per calorem Solis aut aquæ ebullientis facta, in tantas veficulas expandi nequeunt, ut aëre evadant fpecificè leviores & fecundùm leges hydroftaticas afcendant.

THEOREMA 3.

Démonftration. Les pefanteurs fpécifiques de l'eau & de l'air font comme 900. à 1. Il faudroit donc qu'une véficule d'eau fût mille fois plus grande que la goute d'eau dont elle eft compofée (par les principes d'Hydroftatique) ainfi l'air contenu

Demonftratio. *Gravitas fpecifica aquæ eft ad gravitatem fpecificam aëris, ut 900. ad 1. Veficula aquea itaquè millies ferè major effe deberet, quàm guttula ex qua conflata eft (per princ. hydr.) Ideòque etiam aër in aqua contentus à*

calore in ſpatium millies majus expandi deberet; cùm verò aër in aqua ebulliente, (obſervante Hallejo) modo ad
⅓ & à calore Solis vix ad ⅟₇
expandatur: Vapores ab aëre
rarefaƈto in tantas veſiculas
expandi nequeunt, ut aëre
evadant ſpecificè leviores,
& in ea ſecundùm leges
hydroſtaticas aſcendant. Q.
E. D.

2. Concedamus verò, aë-
rem à calore & veſiculam
ſimul millies eſſe expanſam;
attamen, ſimul ac Vapores
in aërem frigidiorem perve-
niunt, calorem ſuum amit-
tunt. Aër itaque anteà ex-
panſus iterùm condenſabitur,
& veſicula in minus ſpa-
tium ab aëre externo com-
primetur. Fiet ergo ſpecificè
gravior aëre, & deſcendet.

dans l'eau devroit, étant dilaté
par la chaleur, occuper une eſ-
pace mille fois plus grand. Or,
ſelon les Obſervations de Mr.
Halley, l'air contenu dans l'eau
bouillante, ne ſe dilate que d'un
tiers plus, & la chaleur du Soleil ne le dilate que d'un ſeptiéme. Donc les Vapeurs ne peuvent être aſſez dilatées, pour
compoſer des véſicules qui deviennent ſpécifiquement plus légéres que l'air, & qui puiſſent y
monter ſelon les loix de l'Hydroſtatique. c. q. f. d. 2. Supo-
ſé même que l'air fût dilaté par
la chaleur mille fois plus qu'il
ne l'eſt dans l'eau, les Vapeurs
étant arrivées dans des couches
d'air froid, perdroient leur chaleur & leur dilatation, & deviendroient ſpécifiquement plus
peſantes que l'air, & deſcendroient.

§. XLI.

SCHOLION. Non itaque probari poteſt
hæc Theoria elevationis Vaporum, licèt ea ab illuſtri
Wolffio tradita ſit (in Phy-

On ne peut donc admettre
cette Théorie de l'élévation des
Vapeurs propoſée par M. Wol-
fius dans ſa Phyſique expérimen-

tale, tom. 2. ch. 6. n. 85. Nous montrerons encore après & d'une maniere évidente, le défaut de cette explication.

fica experim. tom. 2. cap. 6. (S. 85.) cujus Theoriæ defectum infrà adhuc evidentiùs. oftendam.

§. XLII.

Les petites parties des fluides, divisées en des parcelles encore plus petites par l'action de la matiere qui fait la chaleur, ne sçauroient être envelopées d'un affez grand nombre de particules de feu, pour faire par leur union avec elles, un tout plus léger spécifiquement que l'air, & y monter felon les loix de l'Hydroftatique.

Extremæ partes fluidorum per vibrationem materiæ calorificæ in particulas minutiffimas refolutæ, non poffunt tot particulis igneis cingi, donec cum his connexæ aëre fpecificè leviores evadant, & in ea fecundùm leges hydroftaticas afcendant.

THEOREMA 4.

Démonftration. 1. La pefanteur fpécifique de l'eau étant à celle de l'air, comme 900. à 1. il faudroit que le diamétre de l'envelope de feu fut 9. fois plus grand que le diamétre de la Vapeur, (felon les principes de l'Hydroftatique) alors toute la maffe feroit mille fois plus grande que la feule Vapeur, & le tout feroit plus léger que l'air ; mais le feu a cette propriété, qu'il paffe très promptement d'un

Demonftratio. *Quia gravitas aquæ fpecifica ad gravitatem aëris eft, ut 900. ad 1. particula aquea tot igneis cingi debet, donec cruftæ hujus igneæ craffities noviès major fit diametro particulæ aqueæ: (per princip. hydroft.) fic enim tota moles millies foret major, & ipfe vapor fpecificè levior. Ignis verò ejus eft naturæ, ut ex corpore calidiore in frigidius celeri motu tranſeat. Simul ac itaquè tot particulæ igneæ in ipſam particulam aqueam tranſierunt, donec maximum caloris gradum, quem aqua recipere poteſt, obtinuit, nullæ particulæ igneæ ampliùs versùs particulam aqueam movebuntur, & circa illam colligentur, ſed mox in aërem circumjectum frigidiorem tranſibunt. Ergo ignis non in tantùm circa particulam aqueam colligi poteſt, ut aëre evadant ſpecificè leviores, & in ea ſecundùm leges hydroſtat. aſcendant. Q. E. D.*

2. Concedamus verò, eas tot particulis igneis cingi & aſcendere ad aliquam altitudinem, attamen poſt breve ſpatium abſolutum in aërem frigidiorem pervenient, ubi particulæ igneæ citò aqueam deſerent, & in aërem frigidiorem tranſibunt. Vapor itaquè aëre iterùm fit ſpecificè gravior, & deſcendet.

3. Per calorem Solis aqua non in tantùm calefit,

corps chaud dans celui qui eſt plus froid : Ainſi, dès que les les particules de feu auront paſſé dans la parcelle d'eau à laquelle elles ſervoient d'envelope, elles l'échaufferont autant qu'il eſt poſſible : alors les particules de feu n'iront plus vers la parcelle d'eau, elles ne demeureront plus raſſemblées autour d'elle, mais elles paſſeront ſur le champ dans l'air environnant, comme étant plus froid. Donc il ne ſçauroit s'amaſſer autour d'une particule d'eau, aſſez de particules de feu, pour faire un tout ſpécifiquement moins peſant que l'air, & qui puiſſe y monter ſelon les loix de l'Hydroſtatique. c. q. f. d. 2. Quand on paſſeroit la ſupoſition, qu'une parcelle d'eau peut avoir une aſſez groſſe envelope de feu, & monter quelque tems; cependant dès que les particules de feu auront atteint une couche d'air plus froide, le feu abandonnera l'eau pour paſſer dans l'air plus froid. La Vapeur deviendra donc bientôt plus peſante que l'air, & déſcendra

cendra. 3. Enfin, la chaleur du
Soleil n'eſt pas aſſés grande pour
fournir à l'eau une envelope de feu d'un diamétre 9. fois plus
grand.

*ut tot particulis igneis cingi
poſſet.*

S. XLIII.

Ainſi cette explication donnée par M. Hauſenius, n'eſt pas
recevable.

*Hæc itaquè Theoria à ce-
leberrimo Hauſenio tradita,
meritò rejicitur.*

SCHOLIUM.

S. XLIV.

Les Vapeurs qui s'élévent en
l'air, n'y montent pas étant entraînées par des particules de feu
qui montent en haut, comme
des corps ſont entraînez par
une riviere.

*Vapores altiùs in aëre aſ-
cendentes, non cum parti-
culis igneis tanquam cum
fluvio ſursùm rapiuntur.*

THEOREMA 5.

Démonſtration. La direction
des particules de feu ſe fait du
lieu le plus chaud dans le lieu
voiſin le plus froid (S. 42. n. 1.)
ainſi lorſque l'air qui touche les
parois d'un Alembic, devient
plus froid que l'air qui eſt à la
ſurface de l'eau chaude, le feu
paſſera plûtôt dans l'air colla-
téral que dans l'air ſupérieur.
2. De ſorte que les particules
d'eau qu'on ſupoſeroit être dans
ce courant de feu, devroient ſui-
vre cette direction, & ſe répandre de toutes parts dans l'air qui

*Demonſtratio. Directio
particularum ignearum fit ex
loco calidiori in locum pro-
ximum magis frigidum (S.
42. n. 1.) Ideòque cùm aër
circa latera vaſis evaporan-
tis hærens, magis fit frigidus,
quàm aër ſupra aquam ca-
lidam exiſtens, ignis in lateralem aërem magis quàm
in ſuperiorem tranſibit.
2. Particulæ aqueæ itaquè
in hoc fluvio exiſtentes hanc
directionem ſequi & unde-
quâque in aërem lateralem*

D

dispergi deberent.

3. *Cùm verò hoc sit contra experientiam ; siquidem Vapores in aëre quieto perpendiculariter sursùm ascendunt: Vapores ex hac causa non elevantur. Q. E. D.*

4. *Concedamus verò Vapores hac ratione ad aliquam altitudinem ascendere, attamen hic fluvius mox in motu impedietur, dum ignis in aërem frigidiorem transit, eique adhærescit. Vapores ergo iterùm descendent. Cujus rei exemplum allatum est in §. 24.*

SCHOLION 1.   *Non sufficit itaquè hæc Theoria, ad elevationem Vaporum in superiorem aëris regionem explicandam.*

SCHOLION 2.   *Adduxi in præcedentibus Theorematibus præcipuas Theorias, quæ huc usquè à Physicis de elevatione Vaporum in aërem traditæ sunt, eârumque defectum perspicuè ostendi. Aliam itaquè Theo-*

est aux côtez. 3. Or cela est combattu par l'Expérience, puisque dans un air tranquile les Vapeurs s'élévent perpendiculairement en haut. Elles ne montent donc pas entraînées par les particules de feu, &c. c. q. f. d.

4. Si cependant cette cause élévoit les Vapeurs jusqu'à une certaine hauteur, ce courant de feu seroit bientôt arrêté dans sa course, parce que le feu passeroit d'abord dans l'air froid, & s'y attacheroit. Les Vapeurs descendroient donc aussi-tôt. Nous en avons raporté un exemple. §. 24.

§. XLV.

Donc cette maniére d'expliquer l'élévation des Vapeurs dans l'air supérieur est insuffisante.

§. XLVI.

J'ai raporté dans les Theorêmes précédens, les principales explications que les Physiciens ont proposées jusqu'à présent, pour rendre compte de la cause de l'élévation des Vapeurs ; & j'ai montré clairement leur insuffisance. J'ai essayé de tirer des observations & des experiences raportées ci-devant, une autre explication : Pour l'établir avec certitude, il faut faire attention aux propositions suivantes qui lui serviront de préliminaires.

riam ex adductis observationibus, experimentis eruere conatus sum. Ad quam certissimè stabiliendam sequentia subsidia erunt præmittenda.

§. XLVII.

Déterminer par la couleur des Vapeurs, l'épaisseur de la vésicule dont elles sont composées.

Crassitiem lamellarum vel cuticulæ, ex quibus Vapores constant, ex coloribus ipsorum determinare.

PROBLEMA I.

On peut résoudre ce Problème par le calcul que Mr. Newton en a fait dans son Optique l. 2. p. 2. n. 8. Il l'a fait sur plusieurs observations des différentes couleurs que réprésentent les lames aqueuses qui sont très minces ; il les a mesurées avec une grande exactitude, & en a donné les mesures. Nous donnerons son calcul à la fin de ce Problème. Ainsi il faut chercher à quelle suite apartient la couleur, que donne telle ou telle vésicule de Vapeur (Newt. Prop. VII. p. 3. l. 11.) & cette couleur vous donnera dans la Table, l'épais-

Fieri potest ex calculo, quem Vir summus Newtonius in Optic. lib. 2. p. 2. n. 8. ex permultis observationibus colorum, quos tenues lamellæ aqueæ exhibent per adcuratissimam earum dimensionem fecit ; quem circa finem hujus Problematis subnectemus.

Inquiratur itaquè cujus seriei colorem talis lamella Vaporis exhibeat (Newt. l. c. Prop. VIII. p. 3. l. 2.) qui in Tabella quæsitus, ejus crassitiem accuratissimè determinabit in talibus partibus,

RESOLUTIO-

quarum 1000,000, *digitum Londinensis pedis efficiunt.* Q. E. F. feur qui convient à la pellicule de la Vapeur. On a divisé le pouce de Londres en un million de parties, & c'est proportionnellement à ces parties que la Table a été construite c. q. f. f.

	SUITE DES COULEURS		EPAISSEUR des Lames aqueuses en milloniémes de pouce.	
	par la Réfraction.	par la Réflexion.		
Premiere Suite.	Blanc.	Très noir		3:8
		Noir		3:4
		Noirâtre	1	1:2
	Rouge tirant sur le jaune	Bleu	1	4:5
	Noir	Blanc	3	7:8
	Violet	Jaune	5	1:3
	Bleu	Doré	6	0
		Rouge	6	3:4
Seconde Suite.	Blanc	Violet	8	3:8
	Jaune	Indigo	9	5:8
	Rouge	Bleu	10	1:2
		Verd	11	1:3
	Violet	Jaune	12	1:5
		Doré	13	
	Bleu	Rouge clair	13	3:4
		Ecarlate	14	3:4
Troisiéme Suite.	Verd	Pourpre	15	3:4
	Jaune	Indigo	16	4:7
		Bleu	17	11:20
	Rouge	Verd	18	9:10
		Jaune	20	1:3
	Verd céladon	Rouge	21	3:4
		Rouge bleuâtre	24	
Quatriéme Suite.	Rouge	Verd céladon	25	1:2
		Verd	26	1:2
		Ver naissant	27	
	Verd céladon	Rouge	30	1:4
Cinquiéme Suite.	Rouge	Bleu tirant sur le verd	34	1:2
		Rouge	39	3:8
Sixiéme Suite.		Bleu tirant sur le verd	44	
		Rouge	48	3:4
Septiéme Suite.		Bleu tirant sur le verd	53	1:4
		Incarnat	57	3:4

§. XLVIII.

On peut voir aifément à quelle fuite apartient la couleur que les Vapeurs répréfentent, par l'ordre fucceffif des couleurs raporté dans la troifiéme Expérience, n. 3. (§. 16.) Ces couleurs données par la réfraction apartiennent aux fuites feconde & troifiéme. La premiere couleur que les Vapeurs donnent après la moindre réfraction de l'air, eft le rouge de la troifiéme fuite : L'épaiffeur de fa pellicule eft déterminée dans la Table de Mr. Newton de $18 \frac{9}{10}$ millioniémes de pouce. Donc l'épaiffeur de cette pellicule, telle qu'elle eft dans l'état ordinaire de l'air, fera à peu près de vingt millioniémes du pouce de Londres.

SCHOLION.

Cujus feriei colorem Vapores exhibeant ex ordine fucceffivo colorum in Experimento 3. n. 3. (§. 16.) fine ulla difficultate videri poteft, quod colores ex refractione fint tertiæ & fecundæ feriei. Primus color quem Vapores poft minimam aëris rarefactionem exhibent, eft rubeus tertiæ feriei, qui craffitiem cuticulæ $18 \frac{6}{10}$ VIII digiti determinat. Craffities itaquè cuticulæ in aëre naturali quàm proximè erit $\frac{20}{1000,000}$ VIII digiti Londinenfis.

§. XLIX.

L'épaiffeur d'une pellicule aqueufe de Vapeur vuide d'air, étant donnée, trouver quel doit être le diamétre de la Vapeur, pour qu'elle foit fpécifiquement plus légére que l'air, & qu'elle puiffe y monter felon les loix de l'Hydroftatique.

PROBLEMA 2.

Ex data craffitie cuticulæ aqueæ Vaporis ab aëre vacui invenire diametrum Vaporis, fi aëre effet fpecificè levior, & in eo fecundùm leges Hydroftaticas afcendere poffet.

RESOLUTIO.   *Quia gravitas specifica aquæ est ad gravitatem specificam aëris ut 900 ad 1. cubus diametri, sive expansio Vaporis millies ferè major esse debet, quàm cubus guttulæ ex qua conflatus est Vapor. (per principia hydrostatica.*

2. *Cùm soliditas crustæ, (ut geometricè ita loquar) æqualis sit soliditati guttæ ex qua conflata est, diametrum guttæ tanquam unitatem assumendo, cubus unitatis subtrahatur ex cubo totius Vaporis expansionis ; & habebitur cubus cavitatis.*

3. *Ex his duobus cubis, cavitatis & totius Vaporis expansi extrahantur radices cubicæ, quæ diametros cavitatis & convexitatis determinabunt. (per principia geometrica.)*

4. *Horum differentia semissis, si diameter totius bullæ per eam dividatur, dabit proportionem crassitiei*

Les pesanteurs spécifiques de l'eau & de l'air, sont entr'elles comme 900 à 1. le cube du diamétre, ou toute l'étendue de la Vapeur doit donc être environ mille fois plus grande que le cube de la petite goute qui forme la Vapeur. (cela est certain par l'Hydrostatique) 2. La solidité de la pellicule étant égale à la solidité de la goute (je parle ici Géométriquement) si on prend le diamétre de la goute égal à *un*, il faut soustraire le cube de *un* du cube de toute la Vapeur dilatée, & vous aurez le cube de la cavité de la Vapeur. 3. Si vous tirez les racines cubiques, soit de la concavité, soit de la Vapeur prise dans son expansion, elles vous donneront, par les principes de la Géométrie, le diamétre de la concavité, & celui de la convexité. 4. En divisant le diamétre de toute la bulle par la moitié de la différence qui est entre les diamétres de la concavité & de la convexité, on aura le raport de l'épaisseur de la pellicule avec le diamétre de la

bulle. 5. Enfin, si vous multi-
pliez par le raport trouvé l'é-
paisseur de la pellicule de la
Vapeur, vous aurez au produit
le diamétre de la Vapeur, qui
étant vuide d'air seroit plus
légere que l'air, & monteroit
dans l'air, selon les loix de l'Hydrostatique. c. q. f. t.

Exemp. Soit le diamétre de la
goute $= a$ (n. 2.) le cube du diamétre $= a^3$. le cube du diamétre de la bulle sera $= 1000.a^3$.
(n. 1.)

Le diamétre de la cavité
sera $= 1000 a^3 - a^3$. ou bien
il sera $999. a^3$. (n. 2.)

Soit l'épaisseur de la pellicule $= c$. le diamétre de la Vapeur $= x$. leur raport $p : 1$.

On aura $2p \sqrt[3]{(1000. a^3)} - \sqrt[3]{(999.a^3.)}$

Donc $p = 10.a - 9\frac{996}{1000} a = \frac{\frac{4}{1.000}}{2} = \frac{2}{1.000} = \frac{1}{500}$

Donc $1 : 500 :: c : x.$

§. L.

Les Vapeurs qui s'élévent sont

*crustæ ad diametrum bullæ
in quavis magnitudine.*

5. *Data crassities cuti-
culæ Vaporis (§. 47.) mul-
tiplicetur per proportionem in-
ventam, & prodibit dia-
meter Vaporis, qui, si ab aëre
vacuus est, aëre foret specificè
levior, & in illo, secundum
leges hydrostat. ascenderet.
Q. E. F. Sit itaque*

Diameter guttæ $= a$ (n. 2.)
cubus diametri $= a^3$. *&
erit cubus diametri bullæ*
$= 1000 a^3$ (*n. 1.*)

*Et cubus diametri cavi-
tatis* $= 1000 a^3 - a^3 = 999 a^3$ (*n. 2.*)

Crassities cuticulæ $= c.$
diameter Vaporis $= x.$ *proportio* $= p : 1.$

Et erit $2p = \sqrt[3]{(1000.a^3)} - \sqrt[3]{(999.a^3)}$

Ideòque $p = 10a - 9\frac{996}{1000}a = \frac{\frac{4}{1000}}{2} = \frac{2}{1000} = \frac{1}{500}$

Ergo $1 : 500 = c : x.$

Vapores ascendentes aëre THEOREMA 6.

sunt specificè graviores, ideòque in illo secundùm leges hydrostaticas ascendere nequeunt.

Demonstratio. 1. Proportio crassitiei cuticulæ aqueæ bullam millies expansam cingens, est ad ipsum diametrum bullæ, ut 1. ad 500. (§. 49.)

2. Crassities lamellæ aqueæ Vaporis in aëre naturali est inventa $\frac{20^{VIII}}{1000000}$ digiti (§.47.) vel si colorem album exhibent $\frac{3^{VII}}{8}$ $\frac{}{1000000}$ digiti.

3. Si itaquè Vapores in tantum essent expansi, ut aëre essent specificè leviores, diameter priorum esse deberet $= \frac{20^{VIII}}{1000000} \times 500 = \frac{10000^{VIII}}{1000000}$ vel $\frac{1^{III}}{100}$ digiti. Posteriorum verò diameter foret $= \frac{1875^{VIII}}{1000000}$ vel proximè $\frac{2^{V}}{1000}$ digiti.

4. Diameter crinis satis crassi inventus est $\frac{333^{VIII}}{3000}{1000000}$ vel $\frac{3^{V}}{1000}$ digiti, vel etiam $\frac{1}{300}$ digiti. (§ 16. n. 5.) Ergo

spécifiquement plus pesantes que l'air; ainsi elles ne peuvent y monter par les loix de l'Hydrostatique.

Demonstration. 1. L'épaisseur d'une pellicule d'eau, qui forme une bulle, est au diamétre de la bulle, comme 1. est à 500. (§.49.) 2. On a trouvé que l'épaisseur de la pellicule d'une Vapeur aqueuse (§. 48) est dans l'air naturel de la vingt millioniéme partie d'un pouce; & s'il s'agit d'une Vapeur qui donne le blanc, elle est trois huitiémes, d'un millioniéme de pouce. 3. Si les Vapeurs étoient donc assez dilatées, pour être spécifiquement plus légéres que l'air, le diamétre des Vapeurs du premier genre devroit être $= \frac{20}{1.000.000} \times 500 = \frac{10.000}{1.000.000}$ ou $\frac{1}{100}$ de pouce, & le diamétre des Vapeurs du second genre seroit $= \frac{1875}{100.000}$ ou à peu près $\frac{2}{1000}$ de pouce. 4. Or on a trouvé que le diamétre d'un cheveu assez gros étoit de $\frac{100}{1000.000}$ ou $\frac{3}{1.000}$ de pouce, ce qui revient à $\frac{1}{300}$ de pouce (§.16.n.5.) Donc

Donc le diamétre d'une Vapeur foûtenue dans l'air, tel qu'il eſt auprès de la terre, devroit être environ trois fois plus grand que le diamétre d'un cheveu, & celui des Vapeurs du ſecond genre devroit être les deux tiers du diamétre d'un cheveu.

5. Or L'expérience nous montre que le diamétre d'une Vapeur n'eſt pas tel, & qu'il n'eſt à peine que la douziéme partie de celui d'un cheveu ; ou qu'il ne contient que deux cens ſoixante - dix - ſept millioniémes parties d'un pouce. Donc les Vapeurs ne ſont pas aſſez dilatées, pour être ſpécifiquement plus légéres que l'air, & pour y monter ſelon les Loix de l'Hydroſtatique. c. q. f. d.

diameter Vaporis in aëre noſtro hærentis, ter circiter major eſſe deberet quàm diameter crinis, vel ſaltem poſteriorum, n. 3. duas partes tertias de diametro crinis continere deberet.

5. Cùm verò hoc ſit contra experientiam, & diameter Vaporis vix (S.16. n. 5.) ſit $\frac{1}{12}$ de craſſitie crinis, vel $\frac{277^{VIII}}{1000.000}$ digiti. Ergo Vapores in tantùm non ſunt expanſi, ut aëre eſſent ſpecificè leviores, & in illo ſecundùm leges hydroſtaticas aſcendere poſſent. Q. E. D.

S. LI.

Le calcul du Theorême & du Problême précedent eſt exaĉt : il n'y a donc pas lieu de douter de la certitude de cette démonſtration.

Calculus in hoc Theoremate & Problemate præcedente accuratiſſimè faĉtus eſt ; ideòque de certitudine hujus demonſtrationis nemo dubitare poteſt. SCHOLION 1.

S. LII.

Nulle raiſon ne prouve que la chaleur du Soleil puiſſe di-

Nulla quoque adeſt ratio, quod Vapores per particulas SCHOLION 2.

E.

igneas à calore Solis expandi poſſint ad tantam magnitudinem. Et licèt etiam in tantùm expanderentur, à calore aquæ ebullientis, hæc expanſio mox ceſſabit, calore in aëre frigido amiſſo, & ab aëre comprimentur: Fient ergo aëre iterùm ſpecificè graviores, & deſcendent. Illuſtris Wolffius putat quidem Vapores ſemel expanſos ob eorum minutiam, non poſſe iterùm comprimi (Phyſ. Exper. T. 2. §. 85.) ab aëre externo. Sed quod hoc omninò fieri poſſit, patet ex Experimento tertio & §. 20.

later les Vapeurs au point de les faire monter. Supoſât-on que la chaleur de l'eau bouillante leur donnât une expanſion ſuffiſante, elle ceſſeroit bientôt, parce que la chaleur paſſeroit dans l'air froid, & les Vapeurs ſeroient reſſerrées par l'air. Elles deviendroient donc encore plus peſantes que l'air, & deſcendroient. M. Wolf penſe que les Vapeurs une fois dilatées ne peuvent plus ſe comprimer à cauſe de leur petiteſſe. C'eſt ce qu'il dit dans ſa Phyſique expérimentale, tom. 2. n. 85. mais le contraire eſt évident par notre troiſiéme Expérience. (§. 20.)

§. LIII.

SCHOLION 3. *Perindè itaquè nobis eſſe poteſt, an aër in cavitate Vaporum contineatur, vel an à ſubtiliori quadam materia expanſi ſint. Sed demonſtrari poteſt aërem in cavitate Vaporum contineri elaſticum; expanduntur enim, ſi aër rarefit in majus ſpatium:*

Il nous eſt donc indifférent que l'air ſoit contenu dans la cavité des Vapeurs, ou qu'elles ſoient dilatées par quelqu'autre matiére plus ſubtile que l'air. Cependant on peut démontrer qu'il y a un air élaſtique dans la cavité des Vapeurs: car les Vapeurs ſe dilatent, quand l'air ſe dilate de son côté (§. 20.) Et bien que les Vapeurs soient d'abord dilatées par cette matiére fluide & élastique que nous avons déterminée, artic. 24. cependant comme il y a toûjours de l'air mêlé avec l'eau, & qu'il se tient dans les intervales de l'eau, comme l'a observé M. Mariote, la cavité des Vapeurs se trouvera aussi ensuite remplie d'air. Donc la cavité des Vapeurs qui sont soûtenues dans l'air est pleine d'air, quand même on suposeroit qu'elles sont sorties d'une eau purgée d'air, ôter de l'eau tout l'air qui y est

(§. 20.) Et licèt etiam Vapores primò per fluidum illud elasticum subtilius in §. 34. determinatum expandantur; attamen, quia aër secum aquâ miscetur, & in interstitia ejus abit, (observante Marioto) hæc cavitas etiam mox ab aëre replebitur. Cavitas ergo Vaporum in aëre hærentium aëre est repleta, licèt etiam ex aqua ab aëre depurata, (quod ne quidem ex toto fieri potest) ascenderint.

parce qu'on ne peut pas contenu.

§. LIV.

Les résistances qu'aportent les fluides aux corps qui se meuvent dans eux, sont à peu près en raison de leur gravité spécifique. (par les principes de Physique.)

Resistentiæ fluidorum versus corpora, quæ in illis moventur, sunt quàm proximè in ratione gravitatis specificæ. (per principia physica.)

LEMMA 6.

§. LV.

La résistance que l'air aporte au mouvement des corps, est donc environ mille fois plus petite que la résistance qu'aporte l'eau au mouvement des mêmes corps.

Resistentia ergo aëris millies circiter minor erit, quàm resistentia aquæ versus idem corpus.

COROLLARIUM.

§. LVI.

EXPERIMENTUM 7.

Mercurium per corium cervinum in superficiem aquæ trajeci, sic pars Mercurii per aquam descendebat, pars verò in minutissimas sphærulas divisa aquæ innatabat & cohæsionem ejus non superare, ideòque nec descendere valebat. Harum sphærularum natantium maximæ non excedebant $\frac{1}{100}$ digiti Parisiensis, earumque pondus per calculum determinavi esse $\frac{1}{500}$ grani. Pondus itaque sphærulæ talis, quæ cohæsionem aëris superare nequit, non excedere debet $\frac{1}{500.000}$ grani (§. 55.) cujus diameter erit $\frac{1}{1000}$ digiti Parisiensis, diameter verò sphærulæ aqueæ ejusdem ponderis $\frac{11}{10.000}$ digiti.

Ayant fait passer du Mercure au travers d'un morceau de peau de cerf, & le faisant tomber sur de l'eau, une partie du Mercure est descendue dans l'eau, & une partie se trouvant divisée en de très petits globules a nagé sur l'eau. Le Mercure ne pouvoit rompre l'adhérence des parties de l'eau ni descendre. Les plus gros de ces petits globules n'alloient pas au-delà de la centiéme partie d'un pouce mesure de Paris. Ayant calculé leur poids, j'ai trouvé qu'il étoit une cinq centiéme partie d'un grain ; ainsi le poids d'un globule qui ne pourra vaincre la cohésion de l'air, ne doit pas passer la cinq cens milliéme partie d'un grain (§. 55.) son diamétre aura la milliéme partie d'un pouce mesure de Paris, & le diamétre d'un globule d'eau de même poids doit être la onze dix milliéme partie d'un pouce.

§. LVII.

COROLLARIUM.

Particula ergo aquea, quæ minor est $\frac{11}{10.000}$ digiti, re-

Donc une molécule d'eau qui seroit plus petite que la onze

dix milliéme partie d'un pouce, ne sçauroit vaincre les résistences de l'air, & son poids ne pourroit la faire descendre. Elle demeureroit donc dans l'air, & elle y nageroit.

sistentiam aëris non superare & ex pondere descendere potest, sed in aëre natabit.

§. LVIII.

Par le mot de *dissolution d'un corps*, nous entendons que les parcelles de ce corps sont reçues dans les intervales d'un corps fluide, & qu'elles y sont soutenues.

Per solutionem intelligimus receptionem particularum corporis in interstitia fluidorum, & sustentatio earumdem in hisce.

DEFINITIO 3.

§. LIX.

Comme les Physiciens n'ont pas expliqué distinctement ni entiérement comment se fait cette dissolution, nous avons jugé à propos de l'expliquer ici.

1. Les petites parcelles du fluide dissolvant *c, c.* pénétrent dans les intervales du corps que le fluide doit dissoudre, elles éloignent & écartent les parties *a, a, a.* & leur font prendre la situation qu'elles ont dans la Figure qu'on a jointe ici. 2. Comme les parcelles *c, c, c.* &c. se touchent immédiatement, leur action con

Modum solutionis ipsum, quia plerumque à Physicis non distinctè & adæquatè explicatur, hìc subnectere placet.

1. *Particulæ minutissimæ fluidi solventis c c. penetrant in interstitia solvendi, partesque a a. resolvunt & disjungunt; ita ut eum situm, quem Figura 1ª. repræsentat, obtineant.* 2. *Ob immediadiatum contactum actio particularum c. versus particulas a. major fit, quàm co-*

SCHOLIUM.

hæfio particularum c c. *inter fe , quia particulæ* a a. *funt fpecificè graviores (per principia phyfica.)* 3. *Quia actio & reactio femper funt æquales , erit & major reactio particularum* a. *in lineis* a c *verfus particulas* c. *quam cohæfio partium* c c. *Movebuntur itaque particulæ* a a. *ob vim motricem compofitam in linea diagonali* a a. *& occupabunt interftitia* a. *ibique hærebunt , fi propter exiguum pondus cohæfionem aquæ fuperare non poterunt* (S. 57.) *Quando verò nova particula corporis foluti diftendit particulas inferiores* c c. *erit angulus* c a c. *major angulo* g a g. *Ergo diagonalis* a a. *non folùm minor fit diagonali* a k. *fed & particula* a. *planè ceffat contingere particulas* c c. *adeòque planè non agit verfus* c c. *Sequetur ergo particula* a *tendentiam in linea* e k. *quia nihil refiftit & occupabit interftitium* k.

tre les molécules a , a , a. a plus de force que n'en a la cohéfion des parcelles c , c , c. &c. parce que les molécules a , a. font fpécifiquement plus pefantes. (cela eft certain par les principes de Phyfique) 3. La réaction étant toûjours égale à l'action , la réaction des molécules a , a. dans la direction des lignes a c. fera donc plus grande que la cohéfion,que les parcelles c,c,c. n'ont entr'elles ; les molécules a , a. fuivront donc la ligne diagonale a , a. parce qu'elles ont une force motrice compofée , & elles occuperont les efpaces a , a, & s'y tiendront lorfque leur poids fera trop petit pour vaincre la cohéfion des parties de l'eau (S. 57.) S'il arrive qu'une nouvelle molécule du corps déja diffous écarte les parcelles inférieures c,c. l'angle c a c. fera plus grand que l'angle g a g. & alors la diagonale a,a. fera plus petite que la diagonale a k. & la molécule a. ceffera de toucher les parcelles c , c , c. & n'agira plus contr'elles : La molécule a. fui-

vra donc la direction qu'elle a
dans la ligne *a k*: parce que rien
ne lui réfiste, & elle occupera
l'efpace qui eft en *k*. & c'eft de cette façon que la molécule s'élévera toûjours plus haut dans le fluide qui la diffoud.

*& hoc modo particulæ al-
tiùs femper afcendent in fluido folvente.*

§. LX.

Ce n'eft pas par voye de diffolution, que les Vapeurs aqueufes fe féparent de l'eau.

*Vapores aquei non per
modum folutionis ab aqua
feparantur.*

THEOREMA 7.

Démonftration. Les Vapeurs
aqueufes foûtenues dans l'air
font des véficules creufes (§. 12.
& 18.) & la diffolution ne peut
former des véficules creufes.
(§. 59.) donc, & c.

Démonftratio. *Vapores
aquei in aëre hærentes funt
veficulæ cavæ (§. 12. 18.)
modus folutionis verò veficulas efficere nequit (§. 59.)
ergo Vapores non per modum
folutionis ab aqua feparantur.*

§. LXI.

Nous ne difons pas pour cela,
que les Vapeurs déja formées &
féparées de l'eau, ne puiffent fe
foûtenir dans l'air & y monter
par voye de diffolution.

*Non negamus hic Vapo-
res jam feparatos per modum
folutionis, in aëre poffe fuf-
tentari & afcendere.*

SCHOLION.

§. LXII.

Les Vapeurs qui fortent de
l'eau chaude, fe féparent de
l'eau par l'élévation des particules de feu, enfuite elles font
élévées par le moyen de l'air

*Vapores ex aqua calida
afcendentes per afcenfum particularum ignearum ab aqua
feparantur, poft verò per aërem fupra aquam hærentem*

THEOREMA 8.

à calore expanfum & afcendentem fimul fursùm elevantur, aut etiam, ceffante aëris motu, per modum folutionis in fuperiorem aëris regionem afcendunt, ibique fuftentantur per aëris cohæfionem.

Demonftratio. *Sit aqua calida, & afcendent permulta bullulæ minutiffimæ à fluido (S. 32.) quodam fubtili elaftico, particulas igneas fecum vehente (S. 34.) determinato, vel etiam ab aëre in aqua contento expanfæ; funt enim aquâ fpecificè leviores. 2. Hæ bullæ ad fuperficiem aquæ cùm pervenerint ob tenacitatem ejus, cuticulam aquæam fecum elevabunt. (S. 31.) 3. Quia verò tales bullulæ motu uniformiter accelerato afcendunt (S. 28.) magnam celeritatem acquirunt, ideòque aliquantùm fupra aquam afcendent. (S. 29.) 4. Aër quoque fimul fupra aquam ebullientem ad ½ vel à calore Solis*

fitué fur l'eau, dilaté par la chaleur, & lequel s'éléve ; mais quand le mouvement de l'air vient à ceffer, elles montent dans l'air fupérieur par voye de diffolution, & s'y foûtiennent à caufe de la cohéfion des molécules de l'air.

Démonftration. 1. Dès-que l'eau eft échauffée, il s'éléve de bas en haut un très-grand nombre de très-petites bulles, pouffées par un corps fluide, fubtil & élaftique, & qui entraîne avec foi des particules de feu (S. 34.) On peut encore dire que ces bulles font dilatées par l'air qui fe trouve dans l'eau ; car elles font fpécifiquement plus légéres que l'eau.

2. Les bulles étant arrivées à la furface de l'eau, emporteront avec elles une pellicule d'eau, parce que les parties de l'eau font adhérentes les unes aux autres (S. 31.).

3. Mais comme les bulles montent & accélérent leur mouvement (S. 28.) elles acquiérent une grande viteffe; elles s'éléveront

leveront donc un peu au-deſſus de la ſurface de l'eau. (§. 29.)

4. Selon les obſervations de M. Halley, l'air qui touche l'eau bouillante eſt dilaté d'un tiers, & l'air échauffé par le Soleil eſt dilaté d'un ſeptiéme : Donc cet air devient plus léger que l'air plus froid qui l'environne ; il doit donc s'élever avec un mouvement uniformement accéléré, & employer pour cela la force du tiers de ſon poids, & un air plus froid viendra prendre ſa place. (. §. 28. 26.)

5. Les bulles étant compoſées de petites goutes, dont le diamétre n'eſt pas de onze - dix milliémes d'un pouce (§. 16. n. 5.) ayant d'ailleurs plus de ſurface que la goute dont elles ſont compoſées, elles ne pourront vaincre par leur poids la cohéſion de l'air (§. 57.) mais elles y demeureront ſuſpendues. Donc quand l'air s'élevera d'un mouvement uniformement accéléré, elles s'éleveront avec lui. (n. 3.

6. Les Vapeurs s'éleveront

ad ½ obſervante *Halleio*, *expanditur*; *fit ergo ſpecificè levior aëre circumjecto frigidiori*, *& cum vi tertiæ partis ſui ponderis motu uniformiter accelerato aſcendit*, *& in ejus locum ſemper alius frigidior adfluet.* (§. 28. 26.)

5. *Quia tales veſiculæ conſtant ex guttulis*, *quarum diameter minor eſt* $\frac{11}{10000}$ *digiti* (§. 16. n. 5.) *& prætereà majorem habent ſuperficiem*, *quàm guttulæ*, *ex qua conflatæ ſunt, cohæſionem aëris ex pondere ſuperare non valebunt* (§. 57.) *ſed in illo natabunt. Simul itaque cum aëre aſcendente*, *motu uniformiter accelerato*, *aſcendunt & ſursùm elevantur.* (n. 3.) 6. *Hæc elevatio per aërem aſcendentem tam diù durabit*, *donec aër calorem amiſit*; *quod verò ob exiguam gravitatem ſpecificam aëris frigidioris circumjecti admodùm tardè fit.* (*per principia phyſica*) 7. *Quia fluidum ſpecificè*

F

levius cum corpore specificè gravieri cohæret (per principia physica) particula aëreæ cessante motu aëris (n. 5.) cum Vaporibus cohærebunt. Et quia propter exiguitatem, hanc cohæsionem ex pondere superare non valent (n. 4.) ab aëre licet quieto , sustentantur. 8. Hi Vapores in inferiori aëris regione adhuc hærentes, etiam in aëre quieto altiùs adhuc ascendent per modum solutionis (§. 59.) sed hic ascensus admodùm erit tardus , quod etiam probant Vapores tempore nocturno à magnis fluviis copiosè producti, qui per magnum temporis spatium instar nubeculæ supra aquam hærent , & admodùm tardè elevantur. 9. Illuminetur verò terra à Sole , & particulæ igneæ radiorum solarium per superiorem aërem, utpotè specificè leviorem, celeriter transibunt ad terram, & in aërem circa terram vel aquam hærentem.& su-

avec l'air tandis qu'il conservera sa chaleur ; or l'air ne doit la perdre que très lentement , parce que l'air froid qui l'environne , n'a qu'une gravité spécifique fort peu considérable. (*selon les principes de la Physique.*)

7. Le mouvement de l'air venant à cesser , les molécules de l'air demeureront adhérentes aux Vapeurs (n. 5.) & parce que les Vapeurs étant très-petites ne peuvent par leur poids vaincre cette adhérence (n. 4. elles demeureront soutenues dans l'air , même lorsqu'il est le plus tranquile.

8. Les Vapeurs soutenues dans la région inférieure de l'air y monteront, l'air étant tranquile, & cela par voye de dissolution. (§. 59.) Mais cette seconde sorte d'élévation se fera fort lentement , comme on le voit par l'expérience. Les Vapeurs qui s'élevent abondamment pendant la nuit , au-dessus des grandes rivieres , paroissent pendant long-tems comme un nuage qui couvre la riviere , & ne

s'élevent que fort tard.

9. Mais quand le Soleil éclaire la terre, & que ses rayons viennent à se répandre, l'air le plus près de la terre ou de l'eau sera aussi le plus échauffé. (*selon les princip. de Phys.*) l'expérience le montre soit en hiver, soit en été.

10. L'air échauffé & devenu spécifiquement plus léger s'elevera, emportant avec soi toutes les Vapeurs qu'il soûtenoit (n. 6.) & les élevera dans la région supérieure.

11. Les Vapeurs ne doivent monter que jusqu'à un certain point, parce que les molécules de l'air supérieur étant moins comprimées que les molécules inférieures, sont aussi plus grandes : Il y aura donc là moins de molécules d'air qui pourront enveloper la Vapeur & lui être adhérentes.

12. La cohésion étant devenue moindre, le poids rélatif des Vapeurs sera plus grand que la cohésion de l'air ; l'élevation cessera donc, & les Vapeurs s'arrêteront dans l'endroit où

periorem aërem non sensibiliter calefacient (per principia physica) aër verò circa terram magis calefiet, quod & tempore æstivo & hyberno, teste experientiâ, contingit. 10. *Aër sic calefactus & specificè levior redditus ascendet, & simul totam congeriem Vaporum quam sustentat (n. 6.) ad superiorem aëris regionem secum elevabit.* 11. *Hic ascensus Vaporum nonnisi ad certam altitudinem aëris durat : Particulæ enim aëris superioris, cùm sint minùs compressæ, majores etiam sunt inferioribus ; pauciores ergo Vaporem cingere & cum illo cohærere possunt.* 12. *Cohæsione imminutâ, pondus Vaporum respectu ejus major fit quàm cohæsio cum aëre ; cessabit itaque ascensus, & Vapores in tali regione subsistent, ubi vis cohæsionis æqualis est ponderi Vaporum.* 13. *Talis congeries Vaporum in supe-*

riori aëris regione hærens sub minori angulo optico videtur. Videntur itaque se invicem contingere, & sic lumen copiosè ex illo loco ad oculum nostrum reflectendo, nubem repræsentant.

la force de la cohésion est égale au poids des Vapeurs.

13. Les Vapeurs ramassées & soutenues dans la région supérieure de l'air se présentent sous un plus petit angle optique ; c'est pourquoi elles sembleront se toucher, & réfléchissant un grand nombre de rayons de lumiére jusqu'a notre œil, elles nous réprésenteront des nuages.

§. LXIII.

COROLLARIUM I.   *Vapores itaque tantò majori copiâ & tantò celeriùs ascendent, quò magis fluidum erit calefactum, & quò minor est ejus tenacitas vel resistentia.*

Plus le fluide sera échauffé, plus sa ténacité & sa résistance sera petite ; plus aussi les Vapeurs s'éleveront abondamment & promptement.

§. LXIV.

COROLLARIUM 2.   *Quia tempore hyberno & nocturno aër citiùs calorem suum amittit quàm aqua, particulæ igneæ ex aqua versus aërem frigidiorem movebuntur, & dum ex aqua ascendunt, copiosos Vapores efficient. (§. 62. n. 1. 2. 3.)*

Pendant l'hyver & dans le tems de la nuit, l'air perd plus vîte sa chaleur que l'eau ne la perd : les particules de feu passeront donc de l'eau dans l'air, & dans ce passage elles formeront des Vapeurs abondantes. (§. 62. n. 1. 2. 3.)

§. LXV.

COROLLARIUM 3.   *Quia spiritus ardentes, ex. gr. spiritus vini ad sum-*

Les esprits ardens, tels que l'esprit de vin rectifié, contiennent beaucoup de foufre, & par conféquent beaucoup de feu ; leurs parties font moins ténaces que celles de l'eau : ce qu'elles contiennent de particules de feu étant excité par le mouvement intérieur du fluide, montera (§. 28.) & produira des Vapeurs (§. 62. n. 1. 2.) C'eſt la raiſon pourquoi l'eſprit de vin s'évapore plus aiſément que l'eau. (§. 63.)

mam fubtilitatem redactus, multas particulas fulphureas, ideòque etiam igneas continent, & præterea minùs tenaces funt quàm aqua, harum particularum ignearum pars, per motum inteſtinum fluidi excitata, aſcendit (§. 28.) & Vapores efficit (§. 62. n. 1. 2.) Ergo ſpiritus vini faciliùs in Vapores abit quàm aqua (§. 63.)

§. LXVI.

Le poids des corps diminuant en raiſon inverſe du quarré de leur diſtance au centre de la terre, les Vapeurs pourront monter dans l'air à la diſtance de quelques milles, avant que leur élevation ſoit empêchée par cette cauſe. (§. 62. n. 11.)

Quia pondus corporum decreſcit, uti quadratum diſtantiæ à centro terræ creſcit; Vapores ad aliquot milliaria in aëre aſcendere poterunt, antequàm dictum impedimentum aſcensûs (§. 62. n. 11.) locum habeat.

COROLLARIUM 4.

§. LXVII.

Quoique l'eau bouille de plus en plus, il ne s'en forme pas moins de Vapeurs ; car les parties du fluide élaſtique qui gonfle les plus grandes bulles, s'envelopent d'une pellicule aqueu-

Productio Vaporum non minuitur per majorem aquæ ebullitionem ; particulæ enim fluidi elaſtici, bullas majores expandentis, dum talis bulla diſſillit, cuticulam

SCHOLIUM I.

aqueam ex illa majori cu-
ticula diffiliente induunt ,
& sic in Vapores abeunt.
(§. 62. n. 2.) Et hoc etiam
observatur in aqua ebulliente,
ubi bullæ majores diffilientes
magnam copiam Vaporum
producunt.

se , lorsque la grosse bulle vient
à crever. (§. 62. n. 2.) On peut
remarquer cela dans l'eau bouillante , où les plus grosses bulles
produisent en crevant, un grand
nombre de Vapeurs.

§. LXVIII.

SCHOLIUM 2.   Quia in animalibus &
hominibus per motum san-
guinis insignis calor produ-
citur ; transpiratio insensi-
bilis eâdem ratione explicanda est , quàm evaporatio
aquæ. Et quia serum in animalibus multis particulis
sulphureis & salinis vola-
tilibus imprægnatum est , hæc
simul in auram abeunt.

Le mouvement du sang pro-
duit dans les Animaux une chaleur considérable : on peut donc
expliquer l'insensible transpira-
tion , comme on explique l'é-
vaporation de l'eau. La sérosité
du sang des Animaux se trouve
mêlée avec un grand nombre de
particules volatiles sulphureuses
& salines : Ces particules s'é-
chaperont donc avec ce qui
transpire, & se répandront en
l'air.

§. LXIX.

SCHOLIUM 3.   Quia Vapores æqualem caloris gradum possident ac aër
in quo hærent , & hic nun-
quam ab omni calore pri-
vatus est ; Vapores propter
particulas igneas , quas in

Les Vapeurs ayant un degré
de chaleur égal à celui de l'air
dans lequel elles sont soutenues,
seront toûjours portées vers les
endroits les plus froids , parce
qu'elles contiennent des par-

celles de feu dans leur cavité. (§. 42. n. 1.) on ne peut supofer que l'air foit entiérement privé de chaleur.

cavitate continent, femper verfus loca frigidiora movebuntur. (§. 42. n. 1.)

§. LXX.

Voici comment s'opére la diftillation par le moyen de l'Alembic. Le feu renfermé dans la Vapeur fe porte vers les parois de l'Alembic qui font les plus froids (§. 69.) tandis qu'il paffe au travers, il laiffe fur les furfaces intérieures des parois fes envelopes aqueufes ; l'amas qui s'en fait, forme des goutes fenfibles.

Deftillatio itaque fequenti SCHOLIUM 4. modo peragitur in vafis, dum particulæ igneæ in cavitate Vaporum inclufæ (§. 69.) verfus latera vafis frigidiora moventur, & in ea tranfeuntes cuticulas aqueas in lateribus interioribus relinquunt, quæ ibi confluentes iterùm guttas formant.

§. LXXI.

J'ai encore à expliquer la maniére admirable dont s'élevent en l'air des particules d'eau, comme on l'obferve fouvent dans les endroits maritimes. Le fait eft certain & raporté d'après un grand nombre de Rélations.

Deux vents contraires foufflent quelquefois, de maniere qu'ils réduifent en des Vapeurs groffiéres les nuës dont ils fe

Singularis & valdè mi- OBSERVATIO 3. rabilis adhuc reftat modus elevationis particularum aquearum in aërem, qui in locis maritimis non rarò obfervari poteft. Obfervatio ex permultis Itinerariis collecta hæc eft.

Fit interdùm, cum duo venti oppofiti fpirant, ut nubes correptas in Vapores craffos cogant, quorum pars *ufquè ad fuperficiem aquæ defcendit, vel terram attingit, & formam columnæ coniformis induit, cujus bafis fuprà adhuc cum nube cohæret. Hæc columna per ventos contrariis directionibus fpirantes celerrimè circumrotatur, & cum illo, qui validiffimus eft, propellitur. Intùs cava effe obfervatur, & ob vertiginofam rotationem, figuram ferè Cochleæ Archimedeæ æmulatur. Intra hanc columnam in fuperficie aquæ hærentem, aqua in vorticem rapta fursùm elevatur, & affilit, ac fi ebulliret. Permultæ particulæ aqueæ avolant, & pluviam faciunt extra columnam. In terram per ventum devectâ, omnia corpora levia intra columnam invecta in fublime tolluntur, eâque per terram fabulofam tranfeunte, arena fursùm vehitur, & longa foffa efficitur. Arbores maximæ radicitùs evelluntur. Maximo quoque*

font faifis. Une partie de ces Vapeurs defcend jufqu'à la furface de l'eau ou à celle de la terre, & prend la forme d'un cône, dont le fommet feroit en bas, & la bafe tient encore aux nuës : La violence des vents opofez donne à cette colomne un grand mouvement de rotation, & la colomne fuit en même tems la direction de celui des deux vents qui eft le plus fort. On a obfervé qu'elle étoit creufe par dedans, & qu'elle a dans fon tourbillonnement à peu près la figure de la Vis d'Archimede. Lorfque la colomne touche la furface de l'eau, l'eau qui la compofe tourbillonnant avec violence, s'éleve & monte comme fi elle bouillonnoit ; un grand nombre de particules d'eau s'en échapent & forment une pluye hors de la colomne. Si le vent la conduit fur la terre, tous les corps légers qui fe trouveront au dedans de la colomne ; feront violemment pouffez en haut ; fi elle paffe fur une terre fabloneufe, le fable fera

jetté

jetté en l'air, la colomne laissera une longue fosse sur son passage : On a vû quelquefois des arbres qu'elle avoit arrachez, & elle fait en marchant un bruit égal à celui de cent chariots qui rouleroient sur un pavé. Enfin elle monte tout-à-fait en haut, & cause une pluye effroyable, ou bien elle coule sur la terre ; & alors elle fait comme un déluge dans tous les lieux voisins. Les François donnent à ces colomnes le nom de Trompe marine, en Hollandois on les apelle *Hoozen*, en Anglois *Waterspouts*, & en Latin *Tuba Aquatica*.

cum strepitu hæc columna procurrit, ac si centum currus in via lapidea traherentur. Tandem verò aut sursùm iterùm elevatur, ubi maximus imber sequitur, aut delabitur, ubi omnia aquâ teguntur & quasi diluvium efficitur. Talis columna à Gallis Trompe de Mer *salutatur, Hollandi dicunt* Hoozen, *Angli verò* Waterspouts, *Latinè dicitur* Tuba Aquatica.

§. LXXII.

Les particules d'eau qui montent dans la Trompe marine, sont élevées en l'air, en partie par la pression de l'air inférieur, en partie par la force centrifuge.

Demonstration. Un célébre Ecrivain Anglois, M. Haucksbée, a prouvé par une expérience singuliére raportée dans ses Expériences Phisico-méchaniques, pag. 115. que l'air poussé par le vent ne presse point ce qui est

THEOREMA 9.

Particulæ aqueæ in tuba aquatica ascendentes, partim per pressionem aëris inferioris, partim per vim centrifugam sursùm elevantur.

Demonstratio. Celeber Anglus Haucksbee in Experimentis Physico-mechanicis, pag. 115. per singulare experimentum comprobavit, quòd aër per ventum commotus non premat in subjacentem, quare

G

hic se expandat & rarefiat.
1. Spiret itaque ventus in
superiori aëris regione , &
aër superior non ampliùs
comprimet aërem in cavitate
tubæ inclusum , hic itaquè se
expandet, rarefiet, & pars
ex tuba in superiori aper-
tura exibit , & cum vento
simul promovebitur. Hæc ra-
refactio eò major erit , quò
vehementior ventus est , qui
supra tubam spirat. Aër hoc
modo intra tubam rarefactus,
non ampliùs tantâ vi resistet
aëri in inferiori regione circa
tubam hærenti , hic itaquè
tubam intrabit, & eâdem
celeritate in tuba ascendet ,
quâ ventus superior promo-
vetur. 3. Hic motus aëris
ex inferiori parte tubæ in su-
periorem tamdiù erit conti-
nuus, quàm diù ventus su-
perior spirat. (n. 1.) 4. Si
verò talis tuba aquam con-
tingit, eâdem ratione , uti
mercurius in Barometro, aqua
ab aëre ad aliquam altitu-
dinem, quæ rarefactioni &

au-dessous de lui : l'air inférieur
doit donc se dilater & se raréfier.

1. Si le vent soufle donc dans
la région supérieure de l'air,
l'air supérieur ne pressera plus
l'air qui est enfermé dans la cavité de la Trompe : cet air se
raréfiera donc , & une partie
sortira par l'orifice supérieur de
la Trompe, & continuera à se
mouvoir avec le vent qui l'em-
portera. L'air se dilatera en raison de la violence du vent qui
soufle au-dessus de la Trompe.

2. L'air ainsi dilaté au dedans
de la Trompe, n'aura plus tant
de force pour résister à l'air inférieur qui est autour de la
Trompe ; celui-ci y entrera
donc , & y montera avec autant de vîtesse , que le vent supérieur en a pour aller en avant.

3. Le mouvement de l'air
qui va de bas en haut, continuera dans la Trompe, tant que
durera le vent supérieur. (n. 1.)

4. Mais si la Trompe rase
l'eau , l'eau sera repoussée au
dedans de la Trompe par le
poids de l'air collateral, en rai-

fon de la dilatation de l'air intérieur, & de la vîteffe felon
laquelle il s'élevera dans la
Trompe.

5. L'air qui monte au dedans
avec une grande vîteffe, en
écarte les extrêmitez, il les emporte avec foi fous la forme de
petites goutes, & les éleve en
haut.

6. L'élevation de ces goutes
d'eau fera encore aidée par la
rapidité du tourbillonnement
de la Trompe; car elles acquiérent une force centrifuge : (felon
les principes de la Méchanique.)
c'eft pourquoi, elles s'efforcent
de s'éloigner du centre vers la
circonférence le long des parois
de la Trompe, comme fur un
plan incliné. Elles arriveront
donc enfin jufqu'au haut, & le
vent les foutiendra en l'air.

7. C'eft encore la force centrifuge qui empêche que l'air
extérieur ne refferre la Trompe
jufqu'au point de la détruire.

8. Comme il fe trouve de ces
Trompes qui ont quelquefois
plus de cent pieds de circonfé-

*celeritati aëris afcendentis
proportionalis eft, sursùm
elevabitur.* 5. *Aër per hanc
aquam magna cum celeri-
tate afcendens extremas partes disjungit, & in forma
guttularum fecum abripiet
& sursùm elevabit* 6. *Hic
afcenfus guttarum aquearum
promovebitur per celerem tubæ circumrotationem ; acquirunt enim vim centrifugam
(per principia Mechanica)
quàpropter in lateribus tubæ,
tanquam in plano inclinato,
à centro femper magis aufu-
gere conantur, & fic tan-
dem ad fummitatem perve-
niunt, ubi per ventum in
aëre diftribuuntur & fuf-
tentantur.* 7. *Eadem vis
centrifuga impedit, ne tuba ab aëre externo compri-
matur.* 8. *Quia talis tuba
fæpè 100. pedes & plures
in circumferentia habet, guttæ aqueæ ob magnam aquæ
fuperficiem (n. 4.) in maxima copia afcendent, & tota
aëris regio fuperior brevi*

G ij

tempore particulis aqueis replebitur. 8. *Hæ particulæ a-queæ tamdiù suftentari poterunt, quàm diù per ventum fatis celeriter promoventur. Hoc verò ceßante, mox deorsùm præcipitabuntur & magnum imbrem efficient.* Q. E. D.

rence, il montera une grande quantité de goutes, à cause de la grande surface de la Trompe (n. 4.) & toute la région supérieure de l'air se trouvera bientôt remplie de particules d'eau.

9. Elles pourront être soutenues en l'air tout le tems que le vent aura assez de vîtesse pour les pousser en avant ; mais du moment que le vent cessera, elles tomberont en bas, & feront une grande pluye. c. q. f. d.

§. LXXIII.

SCHOLION I. *Quod aqua in tuba per vim centrifugam ascendere possit, sequenti illustrabo experimento. Paravi vasculum ex lamina ferrea in forma coni truncati, qualem tuba repræsentat, idque in machina motum horizontalem habente firmavi & aliquantùm aquæ infudi ; sic machinâ celerrimè rotatâ, omnis aqua in vasculo tubam repræsentante ascendebat in lateribus, & ad summitatem cùm pervenißet, magna cum celeritate evolabat.*

Je vais faire sentir par l'expérience suivante, que la force centrifuge peut élever l'eau au dedans de la Trompe marine. J'ai placé au centre d'une roue posée horizontalement un vase de tôle fait en forme de cône tronqué, & qui représentoit une Trompe marine. Ayant bien assujetti le vase, j'y ai mis un peu d'eau ; puis ayant fait tourner la roue avec rapidité, toute l'eau qui étoit dans le vase montoit le long des parois, & arrivée aux bords elle s'éparpilloit avec une grande vîtesse.

§. LXXIV.

L'air qui monte au dedans de la Trompe, agit très-violemment, comme on le voit par le bruit horrible qu'il fait. On peut concevoir aisément par là comment des grenouilles, des crapauds, des poiſſons, des pierres & d'autres corps qui tombent quelquefois dans ces ſortes de pluyes, ont pû être portez juſqu'à la région des nues. J'ai ſur ce point deux faits qui me ſont très connus. Il tomba un jour avec la pluye une grenouille ſur le toit d'une maiſon, & une autre fois un crapaud tomba ſur la terre. Ces deux animaux n'ont pû certainement être produits dans les nuages, & y parvenir à la grandeur où ils étoient lors de leur chûte. On peut encore voir comment il tombe quelquefois des pluyes de ſang : c'eſt une Trompe qui paſſe ſur de la terre rouge, & l'éleve en l'air avec l'eau.

Quia aër in tuba aſcendens magnam vim exercet, quod ex tam horrendo ſtrepitu quem efficit, concluditur ; facilè nunc concipi poteſt, quâ ratione ranæ, bufones, piſces, & alia corpora, quæ interdùm cum pluvia delabuntur, ad regionem nubium pervenire poſſint. Cujus rei duo exempla mihi nota ſunt, quod rana & bufo luridus, hic in terram, illa verò in tectum domûs ſimul cum pluvia delapſi ſint. Generari in nubibus & ad tantam magnitudinem ibi excreſcere nequeunt. Imò per explicationem tubæ, pluviæ ſanguineæ cauſam perſpicere poſſumus, ſi nempè tuba terram rubram vel argillam ſecum elevat. SCHOLION 2.

§. LXXV.

On peut encore rendre raiſon de la formation ſinguliére des

Simili ferè ratione explicari poteſt ſingularis illa SCHOLION 3.

*origo nubium , quæ in Pro-
vincia Canadenſi in America
obſervatur. Hic enim fluvius
Niagara de ſaxo 156. pedes
alto ſe præcipitat , & ex
Vaporibus per hunc lapſum
ortis tanta nubes oritur, quæ
in mari in diſtantia quinque
milliarium videri poteſt. Hic
enim particulæ aqueæ inter
præcipitandum ſeparatæ per
ingentem illum ventum , qui
per lapſum aquæ rapidiſſi-
mum excitatur , ſursùm elevantur.*

nuages qu'on obſerve en Amé-
rique dans un endroit du Ca-
nada. C'eſt au fameux ſault de
Niagara ; là cette riviere tombe
de 156. pieds de haut ; les Vapeurs que cauſe une ſi grande
chûte , produiſent des nuages
qu'on voit en Mer à pluſieurs
milles de diſtance ; pluſieurs
particules d'eau ſe ſéparant en
tombant , ſont élevées en haut
par un vent qu'excite une chûte
ſi rapide.

§. LXXVI.

EXPERIMENTUM 7.

*Recepi duo vitra convexa
polita , eaque mundata ſibi
invicem impoſui. Sic circa
punctum contactûs macula
videbatur nigra , vel admodùm pellucida , ita ut in illo
loco à binis ſuperficiebus vitri
ſe contingentibus nulla re-
flexio radiorum percipi poſſet , ſed medium continuum
eſſe videbatur. Idem in aliis
corporibus diaphanis convexis
contingit.*

Ayant pris deux loupes , je les
ai eſſuyées , & les ayant miſes
l'une ſur l'autre , j'ai aperçu vers
le point où elles ſe touchent ,
une tache noire , ou un endroit
très - tranſparent , de maniére
qu'il ne ſe faiſoit aucune réflexion de rayons dans le lieu
où les deux ſurfaces ſe tou-
choient ; mais les deux loupes
paroiſſoient ne faire qu'un même corps. La même choſe arrive , quand on met l'un ſur l'au-
tre deux corps quelconques , pourvû qu'ils ſoient convexes
& diaphanes.

§. LXXVII.

Les Vapeurs qui font foute-nues dans un air comprimé & qui y font invifibles, commencent à devenir vifibles quand l'air fe raréfie ; & ces mêmes Vapeurs qui étoient vifibles dans l'air raréfié, redeviennent invifibles fi l'air vient à fe condenfer.

Demonſtration. 1. Les Vapeurs font des globules dont le diamétre eſt de 277. millioniémes de pouce : Or les particules de l'air font beaucoup plus petites. Selon le calcul de M. Muſchembroeck, leur diamétre n'eſt que de cinq millioniémes de pouce. 2. Tandis que les Vapeurs font adhérentes à l'air, leurs globules font envelopez de pluſieurs globules d'air ; le grand nombre des points de contaƈt fera donc que tout le globule aqueux paroîtra noir, ou ce qui revient au même, il ne réfléchira de fa furface aucune lumiére fenſible ; mais il paroîtra tout tranfparent & femblera ne faire avec l'air

Vapores in aëre compreſſo THEOREMA 10. *hærentes , & invifibiles in conſpeƈtum veniunt aëre rarefaƈto : Et Vapores in aëre rarefaƈto vifibiles iterùm invifibiles fiunt , fi aër rursùs condenſatur.*

Demonſtratio. 1. *Vapores conſtant ex ſphærulis, quorum diameter eſt* $\frac{277}{1000000}$ *digiti : Particulæ verò aëris multò minores funt , & fecundùm calculum Muſchembroeckii diameter earum eſt* $\frac{5}{1000000}$ *digiti.* 2. *Quamdiù itaque Vapores cum aëre cohærent , globuli tales cinguntur permultis globulis aëreis ; quamobrem propter multitudinem punƈtorum contaƈtûs tota particula aquea nigra evadit, vel quod idem eſt ; nihil luminis , quod fenfu percipi poſſet , à fuperficie fua reflectit ; fed tota pellucida evadit , feu cum aëre*

tanquam unum medium con-
tinuum videtur, atque in-
vifibilis fit. (S. 76.) 3. *Cùm*
verò Vapores in aëre rare-
facto defcendant (S. 17.)
ceſſabit eorum cohæſio cum
particulis aëreis; qua de re
lumen à superficie convexa
iterùm reflectunt, ideòque
fiunt viſibiles. 4. *Aëre verò*
denſiore iterùm facto, Vapores
iterùm cum aëre cohærent:
Fiunt ergo ob cauſas in n. 2.
explicatas rursùs inviſibiles.
Q. E. D.

qu'un même corps continu : Il
fera donc invifible (S. 76.)
3. Mais comme les Vapeurs
defcendent lorfque l'air fe raréfie (S. 17.) elles n'auront plus
la même cohéfion avec les parties de l'air ; elles pourront donc
réfléchir la lumiére par leur partie convexe & devenir vifibles.
4. Que l'air fe condenfe, les
Vapeurs reprendront leur premiere cohéfion avec lui, elles
redeviendront encore invifibles
pour les raifons expliquées.
(n. 2.) c. q. f. d.

S. LXXVII.

THEOREMA II.   *Vapores in aëre defcen-*
dere, & in aëre condenſato
iterùm afcendere debent, dum
rarefit.

Les Vapeurs doivent defcendre quand l'air fe raréfie, &
monter quand il fe comprime.

Demonſtrat. 1. *Vapores*
per cohæſionem cum particulis
aëreis ſuſtentantur. (S. 62.
n. 7.) *Jam verò, ſi aër ra-*
refit, particulæ ejus fiunt
majores (S. 34.) *Vapor ita-*
què à paucioribus cingi po-
teſt. Minuto verò numero
punctorum contactûs, mi-

Démonſtration. 1. La cohéfion
foutient les Vapeurs (S. 62. n.7)
mais fi l'air fe raréfie, fes globules deviennent plus grands
(S. 34.) la Vapeur fera donc en-
velopée par un plus petit nombre de globules d'air, elle en
fera touchée en moins de points;
fa cohéfion avec l'air deviendra
donc

donc moindre : Donc la Vapeur defcendra fi l'air fe raréfie. 2. Mais fi l'air fe condenfe, fes globules deviennent plus petits. (§. 34.) Donc ils enveloperont en plus grand nombre les globules des Vapeurs ; donc il les toucheront en plus de points ; donc la cohéfion fera plus forte ; donc les Vapeurs qui avoient commencé à defcendre, reprendront leur premiere cohéfion avec l'air , & ils y monteront par voye de diffolution (§. 59.) c. q. f. d.

nuitur etiam cohæfio cum aëre. Vapores ergo in aëre, dum rarefit , defcendunt.

Si verò aër iterùm condenfatur , particulæ aëris fiunt minores (§. 34.) plures itaquè particulam aqueam cingere queunt , & auĉto numero punĉtorum contaĉtûs augetur etiam cohæfio : Vapores ergo anteà delapfi cum aëre iterùm cohærere incipiunt, & per modum folutionis in illo afcendunt. (§. 59.) Q. E. D.

§. LXXIX.

Il nous a fallu ajoûter les Theorêmes précédens, pour expliquer les phénoménes des Vapeurs rapportez dans la premiere & dans la feconde expérience. Pour ce qui concerne les autres phénoménes des Vapeurs, on les expliquera par les principes de la Météorologie.

Hæc Theoremata neceffariò fuerunt fubneĉtenda , ad explicanda phænonena Vaporum in Experimento 2. & 3. obfervata. Reliqua verò phænomena Vaporum in Meteorologicis explicanda funt. SCHOLION.

§. LXXX.

Les Exhalaifons font des particules très - fubtiles qui fortent

Exhalationes funt particulæ fubtiliſſimæ corporum DEFINITIO 4.

H

solidorum sulphureorum & salinorum per aërem dispersæ. Congeries verò talium particularum visibilis, dicitur fumus.

des corps solides sulphureux & salins, & qui se répandent en l'air. Quand l'amas des Exhalaisons devient visible, on l'apelle de la fumée.

§. LXXXI.

OBSERVATIO 4. *Frustulum de Phosphoro Brandtii ex aqua extractum & siccatum, confestim per microscopium melioris notæ contemplatus sum. Et cùm aliquandiù in aëre fuisset, observavi motum quemdam intestinum exorientem & quasi ebullientem. Simul verò Vapores sulphurei ascendebant, qui tamen flammam conceperunt.*

Ayant retiré de l'eau, & fait sécher un morceau du Phosphore de Brandt, je l'ai regardé avec un excellent Microscope ; le Phosphore ayant resté quelque tems à l'air, je vis que ses parties se mettoient en mouvement, & j'apercus une espéce d'ébullition, il en sortoit en même tems des Vapeurs sulphureuses, qui s'enflammerent enfin.

§. LXXXII.

COROLLARIUM. *Quia hic motus intestinus ebulliens per solam expositionem Phosphori in aërem efficitur, sequitur aërem habere vim corpora sulphurea resolvendi, & per hunc actum resolutorium calorem excitandi, qui calor ex at-*

Puisque ce mouvement intérieur & cette ébullition des parties du Phosphore se fait par cela seul qu'on l'expose à l'air, il s'ensuit que l'air a la force de dissoudre les corps sulphureux, & en les dissolvant de produire de la chaleur. Or on sçait que la chaleur se forme par un frotement violent des parties les unes contre les autres.

tritu particularum vehementiori oritur.

§. LXXXIII.

J'ai mis un peu de mercure dans le globe de verre dont j'ai parlé à l'Article 14. puis ayant pompé l'air du globe, j'ai placé le globe sur la flamme d'une bougie ; ensuite j'ai présenté le globe aux rayons du Soleil dans une chambre obscure ; la fumée du mercure montoit en petite quantité, & elle redescendoit d'abord avec précipitation : mais du moment que j'ai fait entrer de l'air dans le globe, tout le globe a paru si rempli de la fumée du mercure, que le globe en étoit presque tout opaque. 2. Ayant observé cette fumée avec le Microscope, j'ai vû qu'elle étoit composée de particules sphériques, dont le diamètre étoit d'environ dix fois moindre que celui d'une Vapeur aqueuse qui voltigeoit parmi la fumée, & que l'on pouvoit en distinguer très-cer-

In sphæram (§. 14.) descriptam aliquantùm mercurii vivi injeci, eamque ab aëre evacuatam supra flammam candelæ detinui, & radio solari in cameram obscuram immisso, exposui ; sic fumus mercurialis in exigua copia ascendebat, & mox iterum deorsùm præcipitabatur. Simul ac verò aërem rursùs immisi, brevi temporis spatio tota sphæra fumo mercuriali repleta & ferè opaca erat.

2. Hunc fumum per microscopium inspiciens, reperi constare ex particulis sphæricis, quarum diameter decies circiter minor erat, quàm Vaporis aquei diameter, qui inter fumum circumvolitabat, & ab illo optimè distingui poterat. Diameter itaquè particulæ fumi mercu-

rialis erit $\frac{28}{1000\,000}$ *digiti.*.

vingt - huit - millioniéme de pouce.

nement. Ainſi le diamétre de la fumée du mercure ſera d'un

§. LXXXIV.

EXPERIMENTUM 9. *Globulum ex pice & goſſipio formatum in diſco Antliæ Pneumaticæ firmavi, & campanâ altiori ſuperimpoſitâ aërem diligentiſſimè evacuavi. Hoc faƈto, ſpeculi cauſtici focum in globum direxi; & cùm pix liquefieret, fumus indè excitatus lineam parabolicam deſcribens, ad aliquam quidem altitudinem aſcendebat; ſed mox iterùm deorsùm præcipitabatur, & in inferiori parte campanæ hærebat.*

2. Idem eventus erat, cùm loco picis ſulphur vel ſal ammoniacum ſubſtituebatur.

3. Hic fumus in inferiori parte campanæ hærens, ſtatim per illam diſpergebatur, cùm aërem iterùm admitterem.

J'ai attaché ſur la platine de la Machine Pneumatique une boule faite avec du coton & de la poix; puis ayant couvert la platine d'un récipient fort long, j'ai pompé l'air avec beaucoup de ſoin. Cela fait, j'ai fait tomber ſur la boule le foyer d'un miroir ardent. Pendant que les rayons du Soleil réünis fondoient la poix, il en ſortoit de la fumée qui montoit quelque tems en décrivant une ligne parabolique. Mais peu après elle deſcendoit en bas & demeuroit adhérente au bas du récipient. 2. Il eſt arrivé la même choſe, lorſqu'au lieu de poix j'ai mis du ſouphre ou du ſel ammoniac. 3. La fumée qui s'étoit attachée au bas du recipient ſe répandoit d'abord dans tout le recipient dès que j'y faiſois entrer de l'air.

§. LXXXV.

La même expérience est raportée dans le Livre Italien intitulé *Saggi dei naturali Espérience* pag. 193. & par M. Muschembroeck , dans les Expériences de l'Academie *del Cimento* pag. 73.

SCHOLIUM.

Idem experimentum refertur in Libro Saggi dei naturali Esperience *pag.* 193. *& Muschembroeck in experimentis Academiæ* del Cimento *pag.* 73.

§. LXXXVI.

Ayant mis du fer rouge sous un recipient propre à faire du mouvement dans le vuide, j'ai attaché du plomb à la branche mobile ; puis ayant pompé l'air le plus vîte que j'ai pû, j'ai fait tomber le plomb sur le fer rouge ; il est sorti de la fumée du plomb fondu ; elle décrivoit en montant & en descendant une ligne parabolique comme dans l'expérience précédente. Ayant introduit de l'air dans le recipient, la fumée s'y est répandue dans toute sa capacité.

EXPERIMENT. 10.

Ferrum candens sub campana reposui , quæ ad motum in vacuo efficiendum apta erat , & stilo motorio plumbum affixi , celeriterque aërem , quantùm fieri potuit , eduxi. Quo facto , plumbum in ferrum candens demisi , sic fumus à plumbo liquefacto assurgens eodem modo ac in priori experimento , expulsus in linea parabolica , iterùm descendebat. Aëre autem admisso per totam campanam dispersus penitùs disparuit.

§. LXXXVII.

Les particules de la fumée du plomb vûes par le moyen

SCHOLIUM.

Ope microscopii compositi melioris notæ dimensus sum

diametrum particularum fumi ex plumbo expulsi & circa inferiorem partem campanæ hærentis, eumque reperi vigesies circiter esse minorem diametro Vaporis aquei. Fumi verò salis ammoniaci, candelæ ardentis, sulphuris, fungi & ligni accensi magnitudinem reperi esse ad diametrum Vaporis aquei ut 1. ad 6. quàm proximè. Erit itaquè diameter particularum fumi de plumbo $= \frac{14}{1000000}$ $\overset{\text{VIII}}{}$*-digiti, fumi sulphurei verò $\frac{46}{1000000}$* $\overset{\text{VIII}}{}$*digiti.*

d'un excellent Microscope, m'ont paru avoir leur diamétre vingt fois plus petit que celui des Vapeurs de l'eau. Les diamétres des Exhalaisons du sel ammoniac, d'une bougie allumée, du souphre, d'un champignon & du bois brulé, sont environ la sixiéme partie de celui des Vapeurs de l'eau. Ainsi le diamétre de la Vapeur du plomb sera un quatorze - millioniéme de pouce, celui de fumée du souphre sera un quarante - six - millioniéme de pouce.

S. LXXXVIII.

THEOREMA 12.

Exhalationes mercuriales, metallicæ, sulphureæ & salium volatilium aëre sunt specificè graviores, & in illo secundùm leges Hydrostat. ascendere nequeunt.

Les Exhalaisons du mercure, des métaux, du souphre, des sels volatils font spécifiquement plus pesantes que l'air, & ne peuvent y monter selon les loix de l'Hydrostatique.

Demonstratio. *Quia gravitas specifica metallorum, sulphuris & salium plus quàm millies major est gravitate specificâ aëris, particulæ illorum ab igne in vesi-*

Démonstration. La pesanteur spécifique des métaux, du souphre & des sels, est mille fois plus grande que la gravité spécifique de l'air. Il faudroit donc que leurs molécules acquissent une expansion plus que millécuple avant qu'elles pûsent devenir spécifiquement plus légéres que l'air : Il faudroit donc qu'elles eussent une expansion plus grande que celle des Vapeurs aqueuses qui seroient spécifiquement plus légéres que l'air. Leur diamétre devroit donc être au moins de deux mille millioniémes de pouce : or elles ne vont pas au-delà de quarante six millioniémes. Elles ne sont donc pas assez dilatées pour être spécifiquement plus légéres que l'air. 2. Les molécules des Exhalaisons ne peuvent être envelopées d'un assez grand nombre de particules de feu, pour faire un tout mille fois plus grand, & pour devenir par là plus léger que l'air : car il ne peut se rassembler autour d'une Exhalaison assez de particules de feu pour les raisons raportées dans l'Article 36. Donc les Exhalaisons ne peuvent en aucune maniére devenir spécifiquement plus légéres que l'air, & y monter selon les loix de l'Hydrostatique. c. q. f. d.

culas plus quàm millies majores expandi deberent, antequàm aëre forent specificè leviores: quàpropter magnitudo earum multò major esse deberet, quàm magnitudo Vaporum, qui aëre essent specificè leviores ; horum verò diameter ad minimùm esse debet $\frac{1000}{1000000}^{VIII}$ digiti. Cùm verò magnitudo particularum fumi non excedat $\frac{46}{1000000}$ digiti, in tantùm expansæ non sunt, ut aëre essent specificè leviores. 2. Neque particulæ fumi tot igneis particulis cingi queunt, donec magnitudo earum millies major est, & sic particula etiam specificè levior aëre : Collectio enim particularum ignearum circa particulas fumi iisdem de causis fieri nequit, quas in §°. 36. adduximus. Ergo Exhalationes nullatenùs aëre possunt fieri specificè leviores & in illo secundùm leges Hydrostaticas ascendere. Q. E. D.

§. LXXXIX.

SCHOLIUM.

Quia Exhalationes odoriferæ constant ex particulis sulphureo - salinis ; idem de his valet, quod de aliis demonstratum est (§. 88.)

Les Exhalaisons odoriférantes sont composées de parties sulphureuses : Ainsi on en peut dire tout ce qu'on a démontré dans l'Article précédent.

§. X C.

EXPERIMENT. 11.

Fiat massa ex aqua, sulphure & limatura Martis, & brevi tempore limatura Martis ab aqua solvetur ; per quam resolutionem tantus simul calor ex attritione particularum inter se excitatur, qui non modò copiosas Exhalationes sulphureas producet, sed eas quoque nonnumquam accendet.

Si on fait une masse composée de soulphre, de limaille de fer & d'eau, dans peu de tems l'eau dissoudra le fer ; & le frotement des parties causera une chaleur si grande, qu'elle repandra en abondance des Exhalaisons sulphureuses, & même qu'elle les enflammera quelquefois.

§. X C I.

THEOREMA 13.

Exhalationes metallicæ, sulphureæ & salium volatilium, partim per particulas igneas è corpore fumante expelluntur ; & expulsæ aut per ascensum aëris calefacti, aut per modum solutionis in aëre ascendunt & disperguntur ; dispersæ verò per co-

Les Exhalaisons métalliques, sulphureuses, salines - volatiles, sont chassées hors des corps qui les contenoient, par des particules de feu ; quand elles en sont sorties, elles montent dans l'air, ou parce que l'air échauffé dans lequel elles sont reçûes, monte lui-même, ou bien par voye de dissolution

diffolution. Difperfées une fois dans l'air, elles s'y foutiennent à caufe de la cohéfion des parties de l'air ; il y en a auffi que la feule diffolution fait évaporer.

hæfionem cum aëre fuftentantur : Partim quoque per folum modum folutionis in aërem abeunt.

Démonftration. Quand un corps décrit dans fon mouvement une ligne parabolique, il a été pouffé par une force étrangere : (S. 5.) or les Exhalaifons métalliques, fulphureufes & falines décrivent dans leur mouvement une ligne parabolique (S. 84. & 85.) Elles font donc pouffées par une force étrangére : or il n'y en a pas d'autre que celle qui vient du feu. Donc les Exhalaifons font chaffées hors des corps par l'action des parties du feu. 2. Le diamétre des Exhalaifons n'excéde pas un quarante - fix - millioniéme de pouce : leur poids doit donc n'aller pas à un cinq cens millioniéme d'un grain (S. 56.) Elles ne pourront donc pas rompre par leur poids l'adhérence de l'air. (S. 57.) 3. L'air étant dilaté par des Exhalaifons chau-

Demonftratio. *Si corpus motu fuo lineam parabolicam defcribit , indicatur illud vi quâdam propulfum effe (S. 5.) Jam verò fumus metallicus , fulphureus & falinus motu fuo defcribit lineam parabolicam (84. & 85.) Et cùm nulla alia vis expellens ibi adfit nifi particulæ ignis : Ergo Exhalationes per motum particularum ignearum de corporibus expelluntur.*

2. *Qui particularum fumi diameter non excedit $\frac{46^{\text{VIII}}}{1000.000}$ digiti , earum pondus minor erit $\frac{1}{500.000}$ grani (S. 56.) refiftentiam aëris ex pondere fuperare non valebunt. (S. 57.)*

3. *Aër per Exhalationes calidas expanfus fit fpecificè levior aëre circumjecto ; afcendet itaquè & fumum fecum*

I

elevabit, qui afcenfus tamdiù durat, donec aër & fumus omnem calorem amiferunt; quo facto cum aëre cohæret & ab illo fuftentatur (§. 62. n. 8.) Incipit itaquè modus folutionis (§. 58.) cujus ope Exhalationes per magnum aëris fpatium difpergi poffunt. Q. E. D.

4. Aqua cum fulphure mixta ferrum corrodere valet. (§. 90.) Jam verò in aëre noftro permultæ adfunt particulæ aqueæ & fulphureæ mixtæ. Ergo Aër quoque ferrum corrodere & refolvere valebit. Pars itaquè ferri minutiffimè refoluta per modum folutionis in aëre afcendere poteft. (§. 59.)

des devient plus léger que l'air qui l'environne. Il montera donc, & enlevera avec lui les Exhalaifons, & cette élevation durera tout le tems que l'air & les Exhalaifons conferveront leur chaleur. Après quoi elles feront foutenues par la cohéfion de l'air (§. 62. n. 6.) Enfuite vient la diffolution, au moyen de laquelle les Exhalaifons peuvent encore fe répandre dans l'air. c. q. f. d. 4. L'eau mêlée avec le fouphre peut ronger le fer (§. 90.) or dans l'air il fe trouve des particules d'eau & de fouphre mêlées enfemble. Donc l'air pourra auffi ronger & diffoudre le fer. Des parcelles de fer très-divifées pourront s'élever en l'air par voye de diffolution. (§. 59.)

SCHOLIUM I.

§. XCII.

Terra copiofis gaudet particulis fulphureis: Hac itaquè tempore diurno radiis Solis infigniter calefactâ, cohæfio particularum fulphurearum cum particulis terreis

La terre eft remplie d'un très-grand nombre de particules fulphureufes; les rayons du Soleil venant à l'échauffer pendant qu'il eft fur l'horifon, les particules de feu pénétrant au dedans diminuent l'adhérence que les fouphres ont avec les particules terreufes, les parties les plus fubtiles & les plus fines fe fépareront, & pafferont avec le feu dans l'air qui les environne ; là elles feront foutenues, & même s'éleveront pour les raifons que nous avons aportées en expliquant l'élevation des Vapeurs. (§. 62.) Les Exhalaifons font, comme les Vapeurs, fpécifiquement plus pefantes que l'air. (§. 88.)

craffioribus per particulas igneas in interftitia earum penetrantes imminuitur ; extremæ partes minutiffimæ itaquè disjungentur, & cum particulis igneis in aërem circumjeCtum transfibunt, ibique fuftentantur & afcendunt eafdem ob caufas, quas in elevatione Vaporum aqueorum explicavimus (§. 62.) Sunt enim pariter ac Vapores aquei aëre fpecificè graviores. (§. 88.)

§. XCIII.

Voilà quelle eft notre explication de l'élevation des Vapeurs & des Exhalaifons au milieu de l'air. Nous ne l'avons pas préfentée comme une Hypothefe, mais nous l'avons apuyée fur les Experiences que nous avons faites, & fur des raifons inconteftables : Ainfi je puis dire comme le célébre Archimede, *j'ai rencontré, j'ai rencontré.*

Hæc eft Theoria noftra de elevatione Vaporum & Exhalationum in aërem, quam non inftat hypothefeos recepimus, fed per experimenta inftituta & per rationes indubias certiffimè ftabilivimus : Ideòque cum Archimede dico Symbolum

Eyreka, Eyreka.

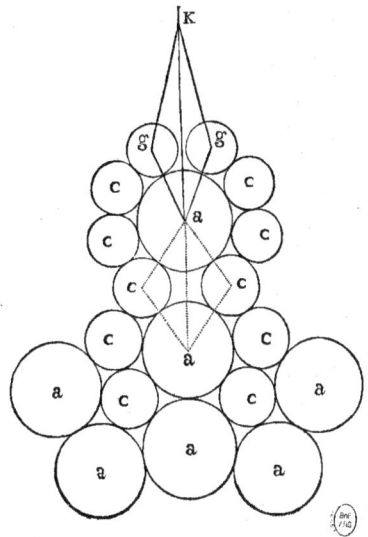

Figure, §. LIX. pages 37. 38. & 39.

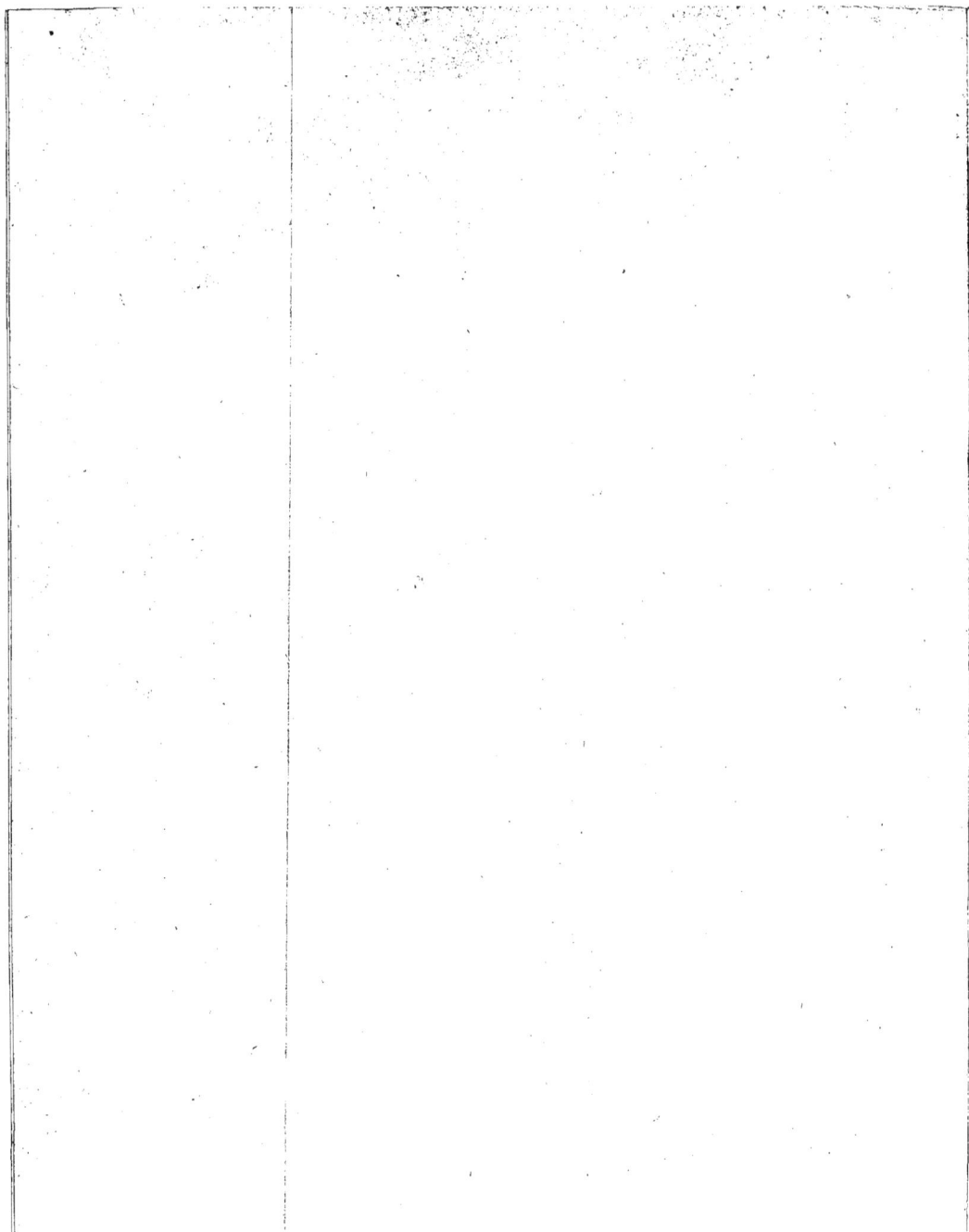

PRIVILEGE DU ROY.

LOUIS, par la grace de Dieu, Roy de France & de Navarre, A nos amez & feaux Conseillers les Gens tenans nos Cours de Parlemens, Maîtres des Requêtes ordinaire de notre Hôtel, Baillifs, Senéchaux, Juges, leurs Lieutenans, & tous autres nos Officiers & Justiciers qu'il appartiendra : SALUT. Notre très-cher & bien amé Cousin LE CARDINAL DE POLIGNAC, Protecteur de l'Academie des Belles Lettres, Sciences & Arts, établie à Bordeaux par Lettres Patentes du feu Roy notre très-honoré Seigneur & Bisayeul, données à Fontainebleau le cinq Septembre 1712. Nous a remontré que plusieurs Membres de cette Academie avoient composé divers Ouvrages, sur les matieres qui font l'objet de leurs occupations, lesquels Elle souhaitteroit de donner au Public, Nous suppliant de vouloir accorder à ladite Academie toutes Lettres & Privileges nécessaires pour faire imprimer, vendre & débiter par tel Libraire qu'Elle choisira, tous & tels Ouvrages qu'Elle aura approuvez. A CES CAUSES, voulant témoigner notre bienveillance à notredit Cousin le Cardinal de Polignac, & procurer à ladite Academie en Corps, & à chaque Academicien en particulier, toutes les facilitez & tous les moyens qui peuvent contribuer à rendre leur travail utile au Public, Nous lui avons permis & accordé, permettons & accordons par nos Presentes Lettres, de faire imprimer, vendre & débiter en tous les Lieux de notre Royaume, par tel Libraire qu'Elle jugera à propos de choisir, en telle forme, marge & caractere, & autant de fois que bon lui semblera, *les Remarques & Observations journalieres, & les Relations annuelles de ce qui aura été fait dans les Assemblées de ladite Academie, & generalement tout ce qu'elle voudra faire paroître en son nom*, pendant le tems & espace de douze années consecutives, à compter du jour de la date des Presentes : Faisons deffenses à toutes sortes de personnes, de quelque qualité & condition qu'elles soient, d'en introduire d'impression étrangere, dans aucun lieu de notre Obéïssance ; comme aussi à tous Libraires, Imprimeurs, & autres que celui que ladite Academie aura choisi, d'imprimer ou faire imprimer, vendre, faire vendre, débiter, ni contrefaire les differens Ouvrages, tant en Vers qu'en Prose, composez par ladite Academie des Belles Lettres, Sciences & Arts de notre Ville de Bordeaux, en tout ni en partie, ni d'en faire aucuns Extraits, sous quelque prétexte d'augmentation, correction, changement de Titre, même en feüilles separées, ou autrement, sans la permission expresse, ou par écrit de ladite Academie, ou de ceux qui auront droit d'Elle, à peine de confiscation des Exemplaires & Pieces contrefaites, & *de six mille livres d'amende* contre chacun des Contrevenans, dont un tiers à

Nous, un tiers à l'Hôtel-Dieu du lieu, & l'autre tiers à ladite Academie; à la charge que ces Presentes seront enregistrées tout au long sur le Registre de la Communauté des Imprimeurs & Libraires de Paris, dans trois mois de la date d'icelle ; que l'impression desdits Ouvrages sera faite dans notre Royaume , & non ailleurs ; que notredite Academie de notre Ville de Bordeaux se conformera en tout aux Reglemens de la Librairie, & notamment à celui du 10. Avril 1725. & qu'avant de les exposer en vente, les Manuscrits ou Imprimez qui auront servi de copie à l'impression desdits Ouvrages , feront remis dans le même état , avec les Approbations & Certificats qui en auront été donnez par ladite Academie Royale, ès mains de notre très-cher & feal Chevalier, Chancelier de France, le sieur Daguesseau, Commandeur de nos Ordres, & qu'il en sera ensuite remis deux Exemplaires en notre Bibliotéque publique ; un en celle de notre Château du Louvre , & un en celle de notre très-cher & feal Chevalier Chancelier de France le sieur Daguesseau, Commandeur de nos Ordres ; le tout à peine de nullité des Presentes ; du contenu desquelles , vous mandons & enjoignons de faire joüir ladite Academie de notre Ville de Bordeaux, ou ceux qui auront droit d'Elle , & ses ayans cause, pleinement & paisiblement, sans souffrir qu'il leur soit fait aucun trouble ou empêchement. Voulons que la copie desdites Presentes , qui sera imprimée tout au long au commencement ou à la fin desdits Ouvrages , soit tenuë pour düement signifiée , & qu'aux copies collationnées par l'un de nos amez feaux Conseillers - Secretaires, foi soit ajoûtée comme à l'Original. Commandons au premier notre Huissier ou Sergent , de faire pour l'execution d'icelles, tous Actes requis & nécessaires , sans demander autre permission ; & ce, nonobstant Clameur de Haro , Chartre Normande , & Lettres à ce contraires. CAR tel est notre plaisir. Donné à Paris le premier jour de May , l'an de grace mil sept cens trente - huit , & de notre Regne le vingt-troisiéme. Par le Roy en son Conseil. Et scellé. Signé , ROMIEU.

Regiftré fur le Registre dix de la Chambre Royale & Sindicale des Libraires & Imprimeurs de Paris , N°. 44. fol. 40. conformement au Reglement de 1723. qui fait deffenses Art. 4. à toutes personnes, de quelque qualité qu'elles soient, autres que les Libraires & Imprimeurs , de vendre & débiter , & faire afficher aucuns Livres pour les vendre en leurs noms, soit qu'ils s'en disent les Auteurs, ou autrement ; & à la charge de fournir à ladite Chambre Royale & Sindicale huit Exemplaires prescrits par l'Art. 108. du même Reglement. A Paris, le 16. May 1738. Signé , LANGLOIS, Sindic.

L'Academie Royale des Sciences de Bordeaux, par Déliberation du 27. Juillet 1738. a cedé le present Privilege au Sieur PIERRE BRUN, Imprimeur-Aggregé de ladite Academie. Signé, SARRAIIT, Secretaire,

www.ingramcontent.com/pod-product-compliance
Lightning Source LLC
Chambersburg PA
CBHW050613210326
41521CB00008B/1237